JN036331

People-Environme.
Urban and Architectural Design

都市・建築デザインのための
人間環境学

日本建築学会[編]
Architectural Institute of Japan

朝倉書店

執筆者一覧

編集者 (担当章)

松原斎樹*	京都府立大学大学院生命環境科学研究科・特任教授 (5章)
大野隆造*	東京工業大学・名誉教授 (1章, 3章)
大井尚行*	九州大学大学院芸術工学研究院環境設計部門 (2章)
辻村荘平*	茨城大学大学院理工学研究科都市システム工学専攻 (2章)
讃井純一郎*	関東学院大学・名誉教授 (4章)
諫川輝之*	東京都市大学都市生活学部都市生活学科 (5章)

執筆者一覧 (執筆順)

大野隆造*	東京工業大学・名誉教授
大井尚行*	九州大学大学院芸術工学研究院環境設計部門
加藤未佳	日本大学生産工学部創生デザイン学科
辻村壮平*	茨城大学大学院理工学研究科都市システム工学専攻
土田義郎*	金沢工業大学建築学部建築学科
長野和雄	京都府立大学大学院生命環境科学研究科環境科学専攻
石井 仁	名城大学理工学部建築学科
渡邊慎一	大同大学工学部建築学科
山中俊夫*	大阪大学大学院工学研究科地球総合工学専攻
竹村明久	摂南大学理工学部住環境デザイン学科
崔 ナレ	大阪大学大学院工学研究科地球総合工学専攻
坂口武司	竹中工務店大阪本店設計部
合掌 顕*	岐阜大学地域科学部地域政策学科
松原斎樹*	京都府立大学大学院生命環境科学研究科・特任教授
石川あゆみ	岐阜工業高等専門学校建築学科
稲上 誠	名古屋大学未来社会創造機構モビリティ社会研究所
佐野奈緒子*	東京電機大学未来科学部
小林美紀	東京工業大学環境・社会理工学院建築学系
林 久美	東京電機大学システムデザイン工学部
西名大作*	広島大学大学院先進理工系科学研究科建築学プログラム
讃井純一郎*	関東学院大学・名誉教授
小島隆矢	早稲田大学人間科学学術院
伊丹弘美	職業能力開発総合大学校能力開発院基盤ものづくり系
宗方 淳*	千葉大学大学院工学研究院
白川真裕*	早稲田大学人間科学学術院
雨宮 護	筑波大学システム情報系社会工学域
諫川輝之*	東京都市大学都市生活学部都市生活学科
柴田祥江	京都府立大学大学院生命環境科学研究科環境科学専攻
加藤祥子	岐阜市立女子短期大学生活デザイン学科
澤島智明	佐賀大学教育学部

*は，日本建築学会「都市・建築デザインのための人間環境学刊行小委員会」委員

まえがき

　本書は，『人間環境学—よりよい環境デザインをめざして』（朝倉書店，1998，以下「旧版」）の後継本である．読者対象は，おもに大学の建築・デザイン系学科や工業高等専門学校の建築科などの学生および建築設計，都市計画などに携わる実務者である．人間と環境のかかわりについての基本的な考え方を示して，都市・建築の設計課題に取り組むうえで考慮すべき様々な人間心理・行動的観点に気付いてもらうことをめざしている（本書の構成の解説は 1 章 3 節参照）．

　設計演習・デザイン実習などの課題においては，学生の独断的な思い込みからアイデアを発想することも少なくないが，環境と人間の心理や行動の関連性に気づくことは，科学的な根拠に基づいた新たなデザインの発想につながるだろう．また，この気づきは，狭い意味での造形デザインにとどまらず，われわれが居住する都市・建築等の広範囲のデザインの発想にも，活かされることが期待される．

　環境と人間の関係については，物理刺激が人間にどのように影響するか，という刺激-反応（S-R）図式で考える傾向が強かった．しかし，人間が幸せに暮らせる建築・都市空間を研究するためには，受動的人間でなく，主体的・能動的に行動する人間を想定する必要があることが，広く認識されるようになってきた．人間環境学の基本の考えとして，特に重要なのはこの点である．

　旧版は，「人間の心理や行動と環境との関わり，さらにはそれに基づく環境デザインの方法について，今日までに蓄積されてきた知見をできるだけわかりやすくまとめたもの」であり，前半の内容は，その後の研究の進展を反映して本書の第 1〜4 章にまとめた．また，旧版の後半では，具体的な場所の環境デザインへの適用を論じていたが，本書では割愛し，新たに「安全・安心・健康」という現代的な課題に人間環境学の観点からアプローチする第 5 章をたてた．本書の内容は，旧版刊行以後の約 20 年間の研究成果を受けて大幅に改善されているが，発展途上の学問分野の常として，改善の余地は少なくないだろう．読者のみなさんの忌憚のないご意見により，さらなる発展をめざしたいと考えている．

　後継本に向けた編集作業は日本建築学会に「人間環境学の領域検討 WG」（2017-2019，大野隆造主査，諫川輝久幹事）を設置して開始されたが，その後「都市・建築環境デザインのための人間環境学刊行小委員会」を経て，約 5 年を要した．2019 年 9 月には 1 泊 2 日の合宿を行うことで大きく進んだが，その半年後には，新型コロナ感染症の流行により対面での会合が困難になってしまった．その後はオンラインのみの作業となったが，この合宿での徹底した議論があったことが，改訂作業の進行をスムーズにしてくれたと思う．

　最後に，本書の出版に至る過程でお世話になった方々，ご協力いただいた方々には，記して深甚の謝意を表したい．

2022 年 9 月

日本建築学会環境工学委員会
都市・建築デザインのための人間環境学刊行小委員会主査

松 原 斎 樹

〇小委員会委員一覧 （2022 年現在，50 音順）

秋田　　剛	諫川　輝之
大井　尚行	大野　隆造
合掌　　顕	讃井純一郎
佐野奈緒子	白川　真裕
辻村　壮平　幹事（2020 – 現在）	土田　義郎
西名　大作	松原　斎樹　主査（2020 – 現在）
宗方　　淳	山中　俊夫

目　　次

1. 人間環境学の環境デザインにおける意義

1.1 人間環境学とは

1) 環境とは

あらためて「環境」とは何かと問われて，あまりに身近であるだけにどのように答えてよいか戸惑うかもしれない．環境が物理学的な物質世界と違うのは，その前提として主体となる生物の存在である．その生物の生存になんらかのかかわりのある周囲の物やその状態が環境である．生物は生存のため環境との間で，①物質，②エネルギーをやり取りし，さらにその中で動物は，③情報もやり取りする．それぞれの例として，①は栄養物の摂取と老廃物の排出，②は温熱の受容と発散，③は感覚受容器による取得と発声や行動による発信などがあげられる．

人間の環境は，私たちが生活の中で見たり触れたりして感知できるスケールの事物であり，顕微鏡下のミクロの世界や天文学で扱う宇宙空間のマクロの世界ではない．さらにその範囲の内側で，物理的には様々な大きさの物が連続して無数存在しているが，私たちはそれを意味づけられたいくつかの階層的なスケールの環境に分割して捉えている．自分の身体のまわりの空間から，自分のいる部屋，自分の部屋のある家，それらの集まった町内，都市，地域，……といったように入れ子の空間[1]として秩序立てて捉えている．

環境には物質だけでなく主体と同種のあるいは異種の生物も含まれる．人間の場合，個体とそれをとりまく他の人間集団のあり方を社会環境とよび物理的環境とは区別している．家庭環境や教育環境などがその例である．この社会環境も少人数の集まりから多人数の集団まで幾層にも分割されて，物理的環境と同様に入れ子の構造をもっている．人間の物理的環境は，自然環境とそれに人間が手を加えて改変した構築環境（built environment）に分けられ，本

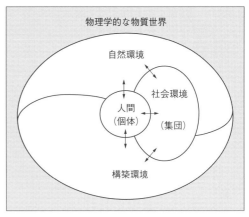

図 1.1.1 環境の概念図

書の対象である建築・都市環境は後者に含まれる．ここまでに述べた関係を図 1.1.1 に示す．図中の矢印は，この本で扱う個体および集団とそれをとりまく環境との相互作用を表している．

2) 人間環境学の研究領域

生物は前述のように，物質，エネルギー，情報をやり取りする環境にうまく適応しなければ生存できない．しかし人類は他の生物のように受動的ではなく，能動的に環境を改変することによって環境による制約を少しずつ克服して生息地を広げ，種としての発展を遂げてきた．地球上の生命誕生からの長い歴史から見れば，非常に短期間で人類は爆発的な発展を遂げたが，一方で地質時代として「人新世」とよばれるほど地球規模で環境に大きな影響を与えることになった．特に人口の都市への集中は，そこで生活する私たちの心理や行動に及ぼす環境の影響がこれまでにないほど大きくなり，それを考慮した環境デザインの重要性がますます高まっている．

従来，環境と心理・行動に関する研究分野は，環境心理学（environmental psychology）あるいは環境行動研究（EBS：environment-behavior studies）とよばれ，これまでに多くの研究成果が蓄積されてきた．本書で扱う内容はそれと重なるが，あえて「人

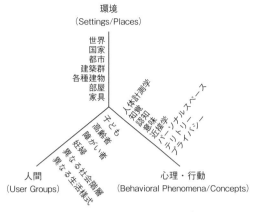

図 1.1.2 人間環境学の研究領域[2]

間環境学」とよぶのは，心理学や行動科学の一分野ではなく，あくまで環境デザインのための環境学としての位置づけを明確に示すことを意図したためである．

　人間環境学の研究領域を示す図 1.1.2 は，その母体となっている環境行動研究のテキスト[2]をもとに作成したものである．図中の垂直軸には，様々なスケールの構築環境を研究対象とすることが示されている．左下の人間の属性の軸には，ユーザーグループとして環境に対して異なる行動特性やニーズなどが考えられる，子ども，高齢者，障がい者，さらに異なる社会階層や文化，ライフスタイルの人々があげられている．右下の軸は，研究において焦点を当てる人間の心理・行動の様々な現象やコンセプト（概念）が示されている．人間環境学の研究テーマは，この 3 つの軸，つまり「どこの，どのような人たちの，どのような行動」を扱うかによって表すことができる．

1.2　環境デザインにおける　人間環境学の役割

1)　環境デザイナーの失敗を最小限にする

　環境デザイナーは，自分が創る空間が完成後にユーザーからどう受け止められ，どのように使われるか，といった仮説に基づいてデザインする．一般に建設プロジェクトには多額の費用がかかるので，誤った仮説によって建設の目的がうまく達成できない場合には，大きな損失を招くことになる．そこで，人間環境学の研究は，様々な建設プロジェクトで環境デザイナーがたてる仮説の予測精度を上げて，失敗を避ける役割を果たす．その際に検討すべき問題点として大きく以下の 2 点が考えられる．

●環境と人間の心理・行動に関する基本的理解

　その 1 つは，環境デザイナーが計画・設計の段階でその完成後の状況を的確に予測できない問題である．これは単に環境デザイナーの技量の未熟さに帰すことはできない今日的な状況がある．東京の渋谷地下駅は 5 層にも及ぶ巨大な地下空間で，そこの錯綜した通路で人々を円滑に移動させるのは容易ではない．このようなスケールの巨大化，空間構成の複雑化だけでなく，今日の構築環境は新しい多様な機能の複合化が進み，計画段階での予測がますます難しくなってきている．たとえば，新しい機能を求められる空間に期待される雰囲気やそこでの活動に適した光環境を考えたり，大規模な複合施設において火災が発生したときの安全な避難誘導を考えたりする場合には，環境デザイナーは空間の利用者の心理や行動についての予測を誤らないために，人間環境学の研究成果を参照し，環境の知覚・認知の仕組みを理解したうえで計画を進めることが求められる．

●ユーザー研究の必要性

　環境のデザインは，専門家だけの仕事ではなく，また意匠的に優れた造形だけを意味しない．それは，私たちが身のまわりの環境に手を加えて変化させる行為すべてをさす．たとえば，自分の部屋の家具配置を変えたり，職場で与えられた自分のデスクまわりにお気に入りのポスターを張ったりするのも一種の環境デザインである．もっと日常的な，窓を開けたりブラインドを下ろしたりする環境調整も一時的

な環境デザインといえる（5.5節参照）.

このように環境デザインは様々なレベルで誰もがかかわっている行為とはいえ，今日では建築物や都市空間のデザインといった固定的で大きなスケールを扱う場合は，専門家に委ねることになる．歴史的に見れば，誰もが自らの手で自分の家を作っていた原始社会から，大工などの建築職人の誕生した中世社会を経て，今日のように高度に専門化した職能集団によって建設が行われるようになった．中世社会では，「家」についてのイメージ（文化的規範）を職人が依頼者と共有していたため，簡単な間取りの希望を伝えるだけで問題は生じなかった．しかし今日では，価値観や選択肢が多様化し，環境デザイナーとユーザーとの相互のコミュニケーションの乖離（ギャップ）が問題となりやすくなった[3].

アメリカのセントルイス市に1955年に建設されたプルーイット・アイゴー団地は，建設後20年を経ずして1972年に市当局によってすべて取り壊された．そこで多発する犯罪の原因の1つが建築にあると判断されたためである．この集合住宅の計画案は，建築設計コンペによって選ばれたもので，建築家の目には「優れた」様々な提案が盛り込まれていた．たとえば，それまでの集合住宅では当たり前であったまっすぐな長い廊下は非人間的であるとして，あえて屈曲させて見通せないようにした．しかし，この建築家のアイディアが犯罪者に隠れ場所を与え，結果的に犯罪を誘発することになったのである．これは，建築家と一般の人々の建築空間に対する見方の違いがいかに大きく，それがいかに大きな損失を招くことになるのかを示す失敗例としてよく引き合いに出される[4].

個人の注文住宅とは違って，実際に建設資金を支払うクライアント（発注者）と完成後にそれを使うユーザー（空間の利用者）が異なる場合は，設計に携わる環境デザイナーとユーザーとの間にギャップが生じやすい．環境デザイナーはクライアントといくら打合せを重ねても，ユーザーが求める本当のニーズがわからないまま設計を進めてしまう恐れがある[5].この問題を解決するためには，このギャップに橋を架ける，つまりユーザーから環境デザイナーへの情報提供の必要がある．それには，図1.2.1に示すような2つの方法が考えられる．その1つは，ユーザー自身が計画段階から参画する「市民参加」

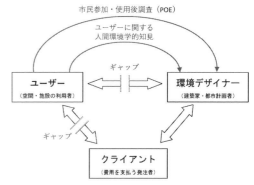

図 1.2.1 ユーザーと環境デザイナーとの関係

や，建設後にユーザーが使い具合を評価する「使用後評価（POE：post occupancy evaluation）」を行う方法であり，もう1つの方法は，ユーザーが建物や街をどのように見て，どのように感じ，どのように振舞うのかについて人間環境学の研究で得られた知見を伝える方法である．いずれの方法によっても，環境デザイナーは，空間の利用者であるユーザーの環境に対する見方や行動特性を知ることができ，上述のような無知と仮説の誤りに起因する失敗を犯さないで済むことができる．

2) 環境デザインにおける研究の位置付け

ツァイゼル（J. Zeisel）は，環境デザインの決定に至るまでの一般的な過程を図1.2.2に示すような，らせん状の発展として説明している[5].環境デザイナーは，まず様々な要求や条件に基づいて心的イメージを作る．次に，それをスケッチやプランを描いたり模型を作ったりして具体的な形として表現する．そしてそれを自分自身の批判的な目や仲間とのディスカッションを通して検討（テスト）して，不都合なところがあれば，考え方（コンセプト）を変更して，再度イメージし直す．そして，それを表現してテストし，さらに必要なら修正し，再イメージ

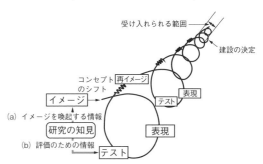

図 1.2.2 環境デザインにおける研究的知見のかかわり[5]

して……というサイクルを繰り返すうちに，イメージは洗練され，表現はより詳細になり，テスト結果も徐々に収れんしていく．このサイクルは，建設に着手してよいと評価される案ができるまで続けられる．

このデザイン過程で，人間環境学の知見が活かされるのは以下の2つのステージが考えられる．

●**イメージを喚起するための情報提供**（図 1.2.2(a)）

これまでに前例のない施設などを設計する場合，デザインをはじめる前に，そこで想定される人間の活動やそれに対応する建築空間の初期イメージをもつ必要がある．また，これまでに存在した施設でも，時代の変化や状況にあわせて，新しい建築のコンセプトを構想する必要性も考えられる．このような場合には，人間環境学的な調査研究によって得られた知見が有用な情報源となる．

●**評価のための情報提供**（図 1.2.2(b)）

イメージを具体的に表現された案について検討（テスト）する際に，研究によって得られた科学的な根拠に基づいてチェックできる．近年，公的な建物の設計提案には，根拠に基づくデザイン（EBD：evidence based design）が求められるようになり，これまで以上に研究情報を参照する重要性が増している．

3） 建設の実務における研究のかかわり

建設プロジェクトが進行するなかで，人間環境学

の研究はどのようにかかわっているのだろうか．一般に，建設プロジェクト（たとえば高層マンションの計画）は1回限りということはない．同じような条件の下で次のプロジェクトが行われることは少なくない．そこで，1つのプロジェクトが終了して，次のプロジェクトに移るときには前の経験を活かしたい．そのためには，前のプロジェクトで完成した建物において使用後評価（入居後評価，POE）を行い，その結果（具体的な失敗事例や成功事例）を現場から得られた経験として次のプロジェクトに直接反映させる図 1.2.3 中に実線で示したループが必要になる．

しかしここで提供される情報は，同様の条件（建物種別や社会文化的，地理的，経済的条件）の下でのみ有用で，そのままでは適用できない場合も多い．そこで，それらの情報を特定の条件に左右されることなく，より広く適用されるように普遍的な理論やモデルとして体系化する必要がある．それが図中の使用後評価から人間環境学的研究，建築研究を経て他のプロジェクトに活用するもう1つの破線で示す外側のループである．たとえば，集合住宅の調査研究で得られたプライバシーに関するモデルは，高齢者施設のデザインの際にも参照され活用されうる．図に示す内側と外側のいずれのループにおいても，次のプロジェクトでユーザーに関する知識に立脚したプログラミング[*1] に寄与することができる．

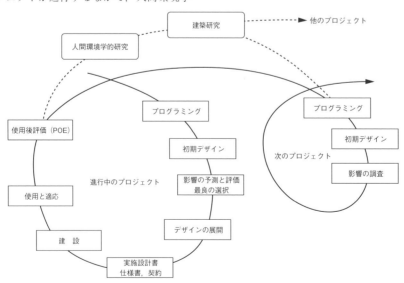

図 1.2.3 建設の実務における研究のかかわり（文献[5] を元に作成）[2]

---

*1 「プログラミング」は，プロジェクトの企画段階で漠然とした施主の要求から設計与条件を明確にする作業のこと．

1.3　本書の構成と概要

　本章では，人間環境学が探求する内容と，それを学ぶ意義を具体的に示すため，それが環境デザインを進める過程で果たす役割について，またそれが建築の実務のなかでどのような場面で活かされるかについて述べた．以下の各章の構成と概要は次のとおりである．

　第2章では，環境知覚の基礎について学ぶ．都市や建築の空間をデザインすることは，その場所を訪れる人の体験を構想することであり，その体験は環境からの情報の知覚によって左右されることから，環境デザインの基礎として人間の感覚，知覚に関する特性を理解する必要がある．具体的には，光，音，熱，空気などの環境要素ごとに対応する諸感覚の知覚特性と役割について，人間がその生存にかかわる基本的なレベルからより豊かで快適な生活のレベルまで，様々なレベルで環境から受け取る情報とその影響について解説する．私たちの知覚的体験は，実際には諸感覚の統合されたものであるが，あえて視覚，聴覚，嗅覚などの感覚モダリティごとに個別に論じている．それは，よりよい生活環境のデザインをめざす本書の趣旨から，設計段階で構想した効果について環境要素ごとに検討し操作を可能とするためである．

　第3章では，環境認知と人間行動について学ぶ．これまで認知過程は，環境から諸感覚を通して受け取られた情報が統合され，その意味を解釈するという受動的で一方向の情報処理として考えられてきた．しかし実際の環境認知の過程は，環境に存在する情報を直接把握する能動的な行動を含む循環的，あるいは生態学的な関係として捉えられる[6]．この章ではこの基本的な考え方に基づいて以下の項目を扱う．まず最も基本的な身体の寸法・姿勢や動作と空間とのかかわりを述べ，また人間どうしのかかわり方に及ぼす空間や環境の影響に関する理論を参照して，空間デザインへの適用事例を示す．次に人間が都市・建築空間内で支障なく移動する前提となる環境認知の基礎理論を解説し，それに基づいてわかりやすい建築・都市空間構成についての考え方を示

す．さらに，物理的には同じ空間であっても人が付与する意味によって違う「場所」として認識されること，そしてそれが人の置かれた状況や属性によって大きく異なり，ひいては環境の評価や行動を左右することについて，具体例を示しながら解説する．

　第4章では，環境の評価について学ぶ．まず「よい建築とは何なのか？」という基本的な問いから発して，環境の利用目的の多様化，利用者の多様性に対応した，適切な設計指針の立案を支援する方法を考える．環境デザイナーに対して実際のユーザーのニーズや要望が届きにくいことによって大きな失敗を招く場合があること，そしてそれを避けるためには設計者が個人的な狭い価値観にとらわれないで，ユーザーニーズの諸項目（次元）とその構造を把握し，それに基づいたデザイン目標の立案と具体化，そしてその妥当性の検証が必要であることを述べる．さらに，多様なユーザーの環境評価における個人差を生み出す要因について種々の例を示したうえで，その対応方法を紹介する．

　第5章では，安全・安心・健康にかかわる人間環境学を学ぶ．実際の生活環境の今日的な問題の解決に人間環境学の知見がどのように貢献しうるかを具体的に述べる．まず犯罪発生が環境のあり方によって左右されるという立場から，これまでの身近な環境における防犯設計に関する知見を整理し，具体的な対策について述べる．次に，今世紀に入って頻発している自然災害（および技術的災害）において，それに遭遇した人々に対する調査から，その際の意識や行動の傾向を示して，ソフト面からの防災・減災対策を論じる．また，都市化による住環境の変化や，社会的なストレスが高まる情勢の中で，生活者が健康であるための環境のあり方について考える．住まいの環境における健康リスクから，室内環境における緑の癒しの効果，働く環境での座り過ぎの問題，歩くことを促す都市環境デザインまで，様々なスケールでの具体例を示して解説する．さらに，これからの都市・建築を考えるうえで見過ごすことのできない気候変動等の地球規模の問題による意識や行動の変化を概観したうえで，環境配慮行動をはじめとする持続可能な社会に向けた人間の心理・行動にかかわる理論と環境を意識した生活のあり方の具体例について述べる．

〔大野隆造〕

2. 環境知覚の基礎

2.1 環境知覚における諸感覚の特性と役割

1) 環境デザインに必要な「知覚」の概念

本章では，環境デザインに必要な感覚・知覚の基礎知識について述べていく．環境デザインは特殊なケースを除くと，「視覚」を中心に進められることが多い．これは視覚が最も優位な感覚とされ，多くの場合，最も情報量が多いためである．しかし，「視覚」そのものが人間の動作や行動を伴うものであるし，空間全体が知覚される過程では視覚以外にも様々な感覚が，同時に補い合いながら働いている．人をとりまく環境はまた，視覚的な意味だけをもっているのではない．壁や天井で区切ることは視覚的な空間の形が変わることにとどまらず，音響的な空間特性の変化として聴覚的な意味ももつし，空間が区切られることによって温度分布や風の流れが変化するなど，温熱感覚的な意味も変えることになる（2.6 節参照）．

したがって，デザインを進めるうえでは，あるときは感覚を総動員してその空間を感じとりながら，またあるときは意識的に特定の感覚のみを使って空間を感じ取りながら行わなければならない．

●環境の快適性にかかわる3つの要因

環境の快適性にかかわる要因を知覚との関係で整理しようとする試みは各種の感覚について行われてきた[1]が，快適性は人間と環境の相互関係で決まるものであり，心理生理全般についてこれに関連する要因を整理すると以下のようになる．

まず，人間側の生理的・心理的状態である．たとえば体調が悪いときにはふだん快適と感じる環境でも快適と感じられないこともある．各感覚の順応状態はもちろん，他の要因とも相互に関連する．ストレスや疲労，集中度や気分など含まれる．

次に，安全・安心の確認のためにどのくらい環境状態が把握しやすいことが必要とされるかということである．これはその時々の行動や作業によって異なるものであり，必要な情報が得られなければ快適とは感じられないからである．

最後は知覚された環境の意味である．環境の意味とは，環境を把握するだけにとどまらず，環境の状態の生存や生活にとっての意味，さらには場所愛着につながる景観など，環境と人との心理的なつながりをも含むものであり，文化によっても異なってくる．

これら3者のうち，初めの2つは忘れられがちなので注意を要する．

●デザインのための「良い環境」の考え方

主観的評価である環境知覚に基づく快適性が実現されれば，それが必ず「良い環境」といえるとは限らない．環境デザインにおいて「快適性」の実現が目標とされるのは，機能的な要求や生理的な要求を満たすことが当然の前提となっているためである．「良い環境」とは物理的に実現されている環境がそのときの行動にとって適切であり，かつ主観的に快適なものをさす（図 2.1.1）．客観的に判断して物理的環境が個体の行動にとって適切であり，主観的にも快適と感じられる環境（図 2.1.1 右上）が良く，

図 2.1.1 客観・主観両面からみた良い環境の考え方

行動に不適切で不快に感じられるのが悪い環境（図2.1.1 左下）であることはすぐにわかる．気をつけるべきなのは，快適と感じられるのに，行動に対して環境状態が不適切な場合（図2.1.1 左上）である．一種の錯覚のようなものであり，場合によっては危険を伴うことになる．たとえば，ある空間が明るく物がよく見えるはずだと知覚されるのに，実際には光量が少なく対象物が見分けにくい場合，そこにあるものを視認することができず衝突してしまうかもしれない．人間にとって不適切な環境状態であれば，不快に感じられたほうが，長時間の利用を避けたり改善を行うきっかけが得られたりするだけまだましといえる．一方，行動に対して環境状態が適切であってもそれが知覚されないような環境（図2.1.1 右下），たとえば実際に物はきちんと見えているのに薄暗く感じる場合は危険は生じないが，快適さに欠けるから心理的に好ましくなく，長期的な悪影響も考えられるため，改善すべきであるといえる．

2) 感覚・知覚と記憶についての基礎知識
●生活の中での環境知覚

それでは，生活の中での感覚と知覚について，1日の流れに沿っていくつかの例から見ていこう．

朝，目覚めたときたいていは，自分がどこにいて，今日これから何をしなければならないかをすぐに思い起こすことができるだろう．自分の家なら，すぐに起き上がり，完全に目をあけて空間を確認することなく，洗面場へ歩いていく．これはすでにその空間が知覚され，記憶されているので，行動のために

必要な情報はさほど多くないからである．このことは，新たな情報が得にくいときでも行動を可能にするという意味で非常にうまくできたシステムである．しかし，たとえば急に病院に入院したときのように環境が突然大きく変化した場合，今までふとんで寝ていた人がベッドの上で立ち上がってしまい，転落するというような事故につながることもある．

勤務先につくと，エアコンの工事中であった．冬だというのに，暖房なしである．コートを着たままでも寒い．おまけに工事の音はうるさく，まわりで何か起こっても聞こえそうもない．このような環境はたいそう不快である．寒すぎれば死んでしまうかもしれないし，まわりがうるさければ危険が迫っても気がつけない．人間を生物として考えたとき，不快感というのは生きていくうえで不都合な環境を察知するシグナルと考えることができる．

さて，仕事を終えて，評判のレストランへ食事に行った．隣のテーブルは気にならないようにうまく配置されているし，ゆったりと食事ができるような照明と静かな音楽が心地よい．もちろん，味と香りもすばらしい．人間はただ生物として生きているだけではない．視覚・聴覚・嗅覚・味覚などを通して，このような素晴らしい体験を楽しむことも必要だ．

以上の例からも，環境からの様々な情報を取り入れることができなければ，その時々に応じた行動をとることや，新たな環境に適応することができないことがわかる．また，生きていくうえで必要な情報や大切な情報を常に環境から受け取り，その一部を再利用するために保存していることもわかる．

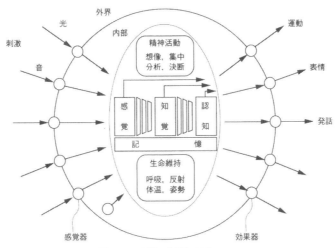

図 2.1.2 人間の情報処理系モデル

●自己と外界をつなぐ感覚と行動

人間と環境の関係を考えるとき，人間の内部と外界としての環境の2つに分けて考えると都合のよい場合が多い．そこで人間内部を含めて人間を情報処理系として見ると，機能的には図2.1.2のように示される．基本的には，目，耳などの感覚器から外界の情報を受け入れ，中枢においてその情報を処理・判断する．必要があれば，その結果をもとに行動などの形で外界に働きかけることになる．

●感覚の種類

感覚の中で一般に最もよく知られているのは，五感とよばれる，視覚・聴覚・嗅覚・味覚・触覚であろう．これらは，それぞれ別の感覚器官によって捉えられるものであり，それぞれに対応しているのは，目・耳・鼻・舌・皮膚である．これらは感覚ごとに対応する感覚器官があることから特殊感覚とよばれる．英語では specific sensation であるから，ある刺激要素・器官に特定の感覚と考えればよい．

生理学的にいうと人間の感覚はさらに，圧覚・振動感覚・温熱感覚・痛覚・固有感覚（位置や動き，力や重さの感覚）を含んだ体性感覚があげられる．

それぞれの感覚ごとに分けて考えることによって感覚を理解することは容易になるが，周囲の環境が，ただ1つの感覚によって把握されることはない．感覚は互いに助け合い，影響しあって働き，脳によって情報として処理されて，ひとまとまりの外界の像を形成し理解しようとする．たとえば，物体の温度は直接，熱として感じる以前に視覚や音によって熱そうかどうかが感じられる．

このような生態学的なメカニズムを表す代表的なものとしてブルンズウィク（E. Brunswik）によっ

て提案され改良が続けられているレンズ・モデル[2]があげられる（図2.1.3）．レンズ・モデルの名前は，生物と環境の遭遇において知覚判断が行われる過程を図示したものと凸レンズで光が屈折して焦点を結ぶ様子が類似していることに由来する．レンズ・モデルでは，ひとまとまりの外界環境の対象・状態（出発点としての焦点）から最終的なひとまとまりの外界としての知覚判断結果（到達点としての焦点）を得るのに複数の手がかり（情報）が仲介すると考える．現実世界における複雑な環境と最終的な知覚結果の関係をいきなり捉えることは難しくても，環境と生体にとって有効なひとつひとつの手がかり（情報）の関係や，それぞれの手がかりを利用した知覚判断結果の関係ならより把握しやすいであろう．この2つの関係と経験に基づく記憶によって環境に対する知覚判断の過程がおおむね説明できると考えられている．個々の手がかりとしては様々なものが考えうるが，本章で扱う内容は，ここに感覚・環境要素別のものをあてはめていると考えることができる．

また脳は，情報の中から身体に対する重要性や関心によってどれを受け入れるかを選び，これを処理・統合し，何が重要であるかを決定しそれに基づいて反応を命じる．したがって，脳の大部分は感覚からの情報の受容と分析に使用されている．

●感覚機能の拡大や補填

鳥や各種の動物たちは，人間の真似できないようなすぐれた運動能力をもっている．しかし，人間は道具や機械を使用することにより，自らの身体機能を拡張してきた．同じように感覚についても，人間は様々なものを発明してその機能を拡大してきたといえる．たとえば，視覚においては，遠くを見るための望遠鏡や双眼鏡があるし，今日ではあたりまえのものとなっているテレビジョンのシステムやインターネットカメラなどはそれをさらに拡張したものといえる．

自らの身体に限っても，感覚器官や中枢に異常があって十分に機能していない場合には，他の感覚がこれを補填するように働く．たとえば視力が十分でないときには，通常は処理の段階で捨てられてしまうような聴覚情報を用いて，これを補おうと

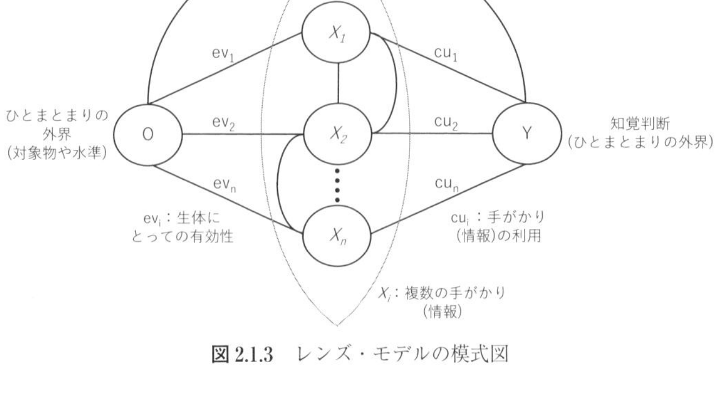

図2.1.3 レンズ・モデルの模式図

する．目隠しをされて壁に向かって歩き，その手前で止まろうとする場合，ふだんは視覚に頼っている人でも，直前で何か気配を感じることができる．しかし，視覚障害のある人の場合には，自分の足音の反射などの聴覚情報によってかなり正確に障害物があることを感じとっている[3]．

●**情報処理系モデルにおける感覚・知覚と記憶**

人間と環境の関係は相互作用的であるが，環境デザインのために各感覚からの情報を別々に分析的に取り扱う場合には，すでに述べたように情報処理系モデルが仮定されることがある．ここで感覚によって取り入れられた情報が処理されていく過程を説明するために用いられる言葉には，感覚（sensation），知覚（perception），認知（認識，cognition）がある．この三者の順序が逆転することはないが，分野や立場によって，用法や言葉の示す範囲は異なる．

与えられた刺激が処理され，記憶が更新されていくプロセスは，たとえば以下のように表現される．光や音などの刺激を受けるときの，目や耳などの感覚器官の働きが「感覚」である．感覚したものが意味づけされる過程を「知覚」とよぶ．ただし，明るいとか暗いといった直接的な印象も，感覚といわれることもある．知覚された情報は，過去に蓄えられた情報，つまり記憶と照合されて，それが何であるかという「認知」が生じる．知覚・認知された情報をもとに記憶が更新・形成されていく．

これと異なる例として，「認知」はたとえば認知科学という使い方のように知的な働き全体をさす意味で用いられることもある．

●**記憶の形成，条件反射から汎化・分化へ**

知覚された情報を元に記憶が形成されると述べたが，単独の刺激がすぐに記憶につながるものでないことは，日頃経験しているとおりである．ここで記憶のプロセスについて見てみよう．

条件反射とよばれる現象がある．パブロフの犬の実験が有名であるが，一定の刺激が繰り返されることに対して決まった反応が起こるようになる現象をさす．しかし，日常的な環境は絶えず変化しており，完全に一定の刺激が繰り返し起こることはありえない．実際には，ある条件下の刺激によって条件反射が形成されると，それと似た刺激に対して，同じように反応が起こる．つまり「似た」現象として受け止めて反応することができる．この現象を汎化

（generalization）とよぶ．むしろ汎化する範囲をさして似ていると表現しているというべきかもしれない．

似たものには同じ反応をするということになると，当然区別しなくてはいけないものを，同じものだと「間違える」ということが起こる．この間違いは汎化という機能をもつことと表裏一体なのである．しかし，間違いを繰り返すばかりでは困る．間違えた場合と正解であった場合の状況は記憶され，次第に刺激を区別することができるようになる．このプロセスを分化（specialization）という．つまり汎化による間違いを経験する中で最初は利用していなかった情報を利用できるようになり，次第に細かい区別ができるようになり，間違わなくなっていく．このようにして環境の中の刺激を必要に応じて区別できるようになっていく．このことは，その人の経験の違いによって，何を区別できるか，何を似たものとみなすかが異なることを示している．

人間の場合には実体験以外の情報からの学習も加わるため，環境デザインを勉強した人は専門知識も増え，一般の人と比べ環境についての分化が進んだ状態になり，環境の細かな違いについて区別することができるようになっていると考えられる．その結果，環境のデザイナーにとっては意味のあることでも，一般の人にはなんら意味をもたないという環境がありうることになる．このため環境デザインを行う際には，様々なレベルの感じ方の利用者がいることを意識するのはもちろんのこと（4.6 節参照），同一人物であっても経験や学習によって感じ方が変化する可能性があることも考えてデザインを行う必要がある．

●**生存機能としての記憶と環境の重要性**

それでは，このようなメカニズムをもった記憶はいったい何のためにあるのだろうか．人間や動物は生物なので，その機能や行動は「生きる」という目的のために存在している．逆にいえば，「生きる」ことを目的にしているのが生物であるということもできる．機械やコンピューターは生物ではないので，自ら行動したり計算したりすることはない．人間や動物と異なり「生きる」という目的がないからである．ここで「生きる」というのは単に個体が死なないで長生きするという意味ではない．クォリティー・オブ・ライフ（QOL）という言葉に見られるように，生きることには色々な意味があるし，

表 2.1.1　環境要素および感覚の特徴と関連概念

	感覚	方向の限定	距離範囲	変化速度	関連概念	
視環境	視覚	視野内	広い	速い	明るさ・グレア	形・色，景観
音環境	聴覚	なし	広い	速い	静けさ，響き	騒音，サウンドスケープ
温熱環境	温覚・冷覚	なし	狭い	遅い	温度，湿度，気流，放射	寒暑涼暖
空気環境	嗅覚	なし	狭い	遅い	空気清浄度，汚染物質	悪臭，香り，スメルスケープ
複合環境	組合せ					

また遺伝子の継承が優先される場合にはその個体を犠牲にすることすらありうる．

　人間の心や記憶を司っていると考えられる脳は高等動物ほどその機能を後天的に獲得する．人間の場合は特にこれが顕著である．あらゆる経験が記憶を形成することにより，行動は次第に高度になる．まず汎化して，それが失敗すると次第に分化していくというのは，その過程で周囲の環境に合わせて，より生存能力を高めていく仕組みになっている．そこで，意識するしないにかかわらず，日常的に体験される環境は人間が生きていくうえで大変重要な意味をもつことになるのである．

3)　各感覚の特徴と人間環境系における役割

　本章では，環境デザインにかかわる主な環境要素の知覚の基となる感覚別に，視環境・音環境・温熱環境・空気環境およびそれらの複合環境に分類して取り扱う（表2.1.1）．それぞれに対応する感覚は，視覚・聴覚・温熱感覚・嗅覚とそれらの複合感覚となるが，環境要素，感覚ごとに特徴があり，どれもが同じような意味合いをもっているわけではない．

　視環境からは，視覚によって非常に多くの情報が得られる．視覚に対応する刺激は光である．光の強さそのものは，視覚が働きやすい範囲にあるかどうかの問題となる．それよりも重要なのは光の分布状態である．光の分布を知覚することによって，環境の中のものの形態や配置，色彩などを把握することができる．また，絵や文字に代表されるように，記号として表現されることによってコミュニケーションの手段として用いることもできる．通常，人間が不自由なく行動するためには環境の情報取得を視覚に大きく依存している．しかし，視覚が働くのは視野内に限られていて，身体の動きと脳内の処理がそれを補っている．

　音環境からは，聴覚によって情報が得られる．情報の絶対量は視環境よりも少ないかもしれないが，優位な点もある．それはどの方向からの音も知覚することができるという点である．日常生活の中でも，まず聴覚によって認知され，視覚によって確認するというパターンが多いことがわかるであろう．音もまた言葉やサイン音としてコミュニケーションの手段として用いられる．

　温熱環境は，人間が生物として生きて，活動していくうえで不可欠なものであり，もっぱら生理的情報として働く．寒すぎたり暑すぎたりして身体機能に影響がないか，体温がうまく保てているかどうか，身体が良好な状態にあるかどうかが常にチェックされているものと考えられる．暑くも寒くもなければ生理的には問題がないはずであるが，温熱環境は変化がゆっくりであることが多いため，その瞬間だけの感覚では十分でなく，身体と環境の関係がどのように変化しつつあるかも知覚対象となっている．温熱環境は，体温調節という一見単純なものに見えるが，体温調節機構や行動とも関連して複雑な知覚メカニズムがあると考えられる．

　空気環境については，呼吸のために必要な空気の清浄度は嗅覚によって常にチェックされているが，知覚できないものがあることも忘れてはいけない．

　このように，環境をデザインし，実現していくうえでは，環境を上記のように要素別に考えるとわかりやすいが，実際には，それぞれの感覚で知覚されたものが，同時に，一つの環境として総合されて捉えられることになる．たとえば，ある騒音がどれだけうるさく感じられるかということは，聴覚情報だけで決まるのではなく，視覚情報などによりそこがどのような場所と認識されているのかということにも影響されることがわかっているのである（2.6節参照）．　　　　　　　　　　〔大井尚行〕

2.2 視　　環　　境

2.1 節でも述べられているとおり，視覚は最も優位な感覚とされており，暴露される情報量がとても多い．情報は多ければ多いほどよいように思えるが，多すぎると処理速度が低下するため，適度に合理化をしていく必要がある．そのため，カメラのようにすべての情報を正確に記録するのではなく，効率よく取り込むための選別が，様々な次元で本人の意思にかかわらず行われている．その手練は，様々な事柄に影響を受ける繊細さがありながら，情報の取捨選択はとても潔く大胆で，時には加工や強調を行い，バリエーション豊かである．

本節では，このように魅力的な視覚の世界を紹介していくとともに，視的快適性を高めるためのデザインのヒントを示していく．

1)　視覚による情報取得
●視細胞

人間の眼は，電磁波のうち 380～780 nm の範囲を受容する視細胞が網膜に存在している．生物によっては隣接する短波長側の紫外線領域や長波長側の赤外線領域まで視覚で捉えることができるため，人間に合わせた名ではあるが，この波長の範囲を可視光域とよぶ．

視細胞は錐体と桿体，そして内因性光感受性網膜神経節細胞（ipRGC：intrinsically photosensitive retinal ganglion cell）の 3 種類がある．それぞれの視細胞が異なる役割を担っており，錐体はおもに明るい場所での色の違いを含めた光の知覚，桿体は暗い場所で少ない光を感度よく知覚し，ipRGC は主に概日リズムの調節などを司っている．

なお，桿体は 1 種類で，錐体は 3 種類を保持する者が多数派ではあるが，人により 2 種類やそれ以下であるなど個人差がある．3 種類の錐体と桿体の分光吸収度を図 2.2.1 に示す（保持する錐体によって色の見え方が異なる．19 頁参照）．

●視野と視力

視細胞ごとに受け取る刺激だけでは，光の強弱などしかわからないが，それらが分布になることで像として認識が可能な情報となる．網膜には約 600 万個の錐体と約 1 億 2000 万個の桿体が存在しているが，均等に分布しているわけではない．図 2.2.2 に示すように，錐体は中心窩付近に細胞サイズが小さく密度高く，周辺に行くほど細胞サイズが大きくなりゆったり全体に分布し，桿体は細胞の大きさには変化がなく，中心窩付近（と網膜の情報を脳へ届ける視神経がある盲点）を除いて周辺領域に多く分布している．この配置の結果，中心視は錐体優位に，周辺視は桿体優位に機能する．そのため，中心視では空間的分解能が高く，文字などの細かい情報も色も鮮明に知覚できるが，周辺視では像も色も急激に不鮮明になる．一方で，ちらつきや物体の移動などを知覚する時間的分解能は中心視より周辺視のほうが敏感な傾向を示す．われわれは，周辺視で視野全体を大まかに把握し，何か変化が生じれば敏感に反応し，眼球を動かして中心窩に結像し，中心視で凝視するというように，役割分担をして効率的に情報を取得している．

加えて，眼球は無意識下でも絶えず微少運動をしており，この眼球運動を固視微動（microsaccade など）という．固視微動を停止すると図形などの像や色知覚が失われ，明るさの程度しか知覚できなくなることから，視細胞が受ける変化が色や物体の知覚を維持するために必要だと考えられている．図

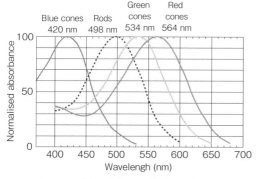

図 2.2.1　3 種類の錐体および桿体の分光吸光度

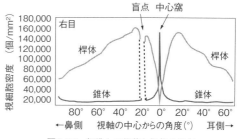

図 2.2.2　網膜上の錐体と桿体の分布

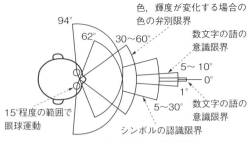

図 2.2.3 人間の視野と知覚の精度

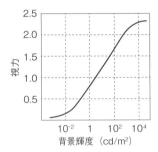

図 2.2.4 明るさと視力の関係（文献[3]より作成）

2.2.3 に人間の視野と知覚の精度についてまとめておく.

鮮明な像の知覚には，網膜の視細胞分布に加え，網膜にピントが合うよう光を届ける必要があり，その責任を担うのが毛様体筋である．毛様体筋は水晶体に毛様体繊維を通じてつながり，遠くを見ているときは弛緩し休んでいるが，近くを見るときほど水晶体を厚くする必要があるため，毛様体筋がフル稼働になる．PC 作業や読書を長時間行うと眼が疲れたと感じるのはそのためで，遠くの景色を眺めたりすることは，心理的なリフレッシュにとどまらず，毛様体筋を休ませることにもつながる．窓は採光だけではなく眺望を確保する意味で重要な役割を担っている.

人の視力は，図 2.2.4 に示すとおり明るい環境であるほど高くなる傾向があるが，2.0〜2.5 のあたりで収束する．ただし，一般的な日常においてあらゆるものを精細に知覚する必要はなく，大は小を兼ねるなどと考え，明るすぎる環境を提供する必要はない．当然，エネルギーの観点でも無駄である．大切なのは視作業に応じた必要な視力が担保されるちょうどよい明るさをデザインすることである.

●対 比

物を知覚する際に像がぼやけると，文字も読みづらく，階段の段差を認識できず昇降しづらくなるように，物の輪郭を捉えることはスムーズな判断や行動を行うために重要である．そのため，視細胞が受け取った情報をそのまま脳に送るのではなく，明度対比（輝度対比）が生じる部分を強調して，輪郭検出が容易となるよう加工する機能が備わっている．網膜上で隣接する視細胞は相互に影響し合い，個々の刺激量に応じて周囲を抑制する特徴をもつ．これを側抑制とよび，図 2.2.5 に示すように網膜上の刺激量に加えて刺激量の違いに応じた抑制量（図中では刺激量の 20% と仮定）が加わることで，暗い領域に隣接する明るい領域はより明るく，明るい領域に隣接する暗い領域はより暗く見えるようになり，境界が強調される.

側抑制により境界の明るさがより強調されて知覚される例として，図 2.2.6 にマッハバンドを示す．物理的には白と黒の領域の間に線形で変化するグラデーション部分で構成されているが，矢印で示した位置に白い帯と黒い帯を知覚できるだろうか．ここで示した例は明度（輝度）のみの変化であるが，物体色の対比に関しても同様の効果が生じ，赤に対しては補色である青緑，黄に対しては青が強調される.

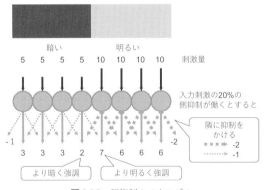

図 2.2.5 側抑制のメカニズム

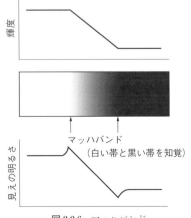

図 2.2.6 マッハバンド

●奥行き知覚

視細胞が受け取る情報自体は，網膜上の像であるため2次元にすぎないが，視細胞からの情報に加えて，複数の情報を組み合わせて脳で再構成することで3次元の情報を得ている．たとえば，観察対象の距離に応じて水晶体が厚さを変える調節機能も手がかりになるし，輻輳といって視対象の距離により右目と左目の視線が交わる角度も情報となる．他にも，右目と左目に映る網膜像のズレである両眼視差や，運動視差といって近くにある物は速い速度で自分とは反対方向に移動するように見えるが，遠くにある物はゆっくり同じ方向に移動しているように見える特性などを利用していると考えられている．

なお，このような経験に基づく様々な手がかりをもとに奥行きのある空間が認識されるとする考え方に対し，ギブソン（J. J. Gibson）が主張している，人が動くことによって知覚される周囲の情景の流れから直接に3次元空間を捉えているとする生態心理学的な考え方もある（詳細は3.2節(2)を参照）．

2) 明るさの知覚

●心理物理量

光は電磁波の一種で，エネルギーとしてはジュールやワットなどの単位の物理量で表現されるが，前述のとおり，人間の視細胞は可視光域内の波長ごと異なる感度をもち，「感じる明るさ」≠「エネルギーの量」ではないため，人間の感覚に合わせて変換して使用している（2.3節・23頁の音におけるA特性音圧レベル（騒音レベル）と同じ考え方）．これを心理物理量とよび，光に関連する心理物理量を測光量という．

測光量の例として，光束（単位：lm）の式を下に示すが，物理量である$\varphi(\lambda)$に，心理量である標準比視感度（明所視の視感度：3種類の錐体の感度を合わせたもの）である$V(\lambda)$をかけることで，人の感覚にあった値としている．なお，比視感度とは最大視感度との比である．

$$F = K \int_{380}^{780} V(\lambda) \cdot \varphi(\lambda) \cdot d\lambda$$

K_m：明所視の最大視感度
　　　（683 lm/W と定められている）
$V(\lambda)$：標準比視感度（明所視の比視感度）
$\varphi(\lambda)$：単位波長当たりの放射束

他の測光量も同様で，照度（単位：lx）も，単位

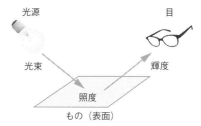

図 2.2.7 光束と照度，輝度の関係

面積当たりの光束量を表すもの（＝lm/m²）であるし，輝度（単位：cd/m²）もある点を見た際に眼に入る光の強さで，立体角（sr）当たりの照度（＝lm/m²·sr）とも表現でき，標準比視感度$V(\lambda)$に基づいた値なのである．（図 2.2.7）

●明所視・薄明視・暗所視

錐体が優位に働く明るさを明所視，錐体と桿体が同時に働く明るさを薄明視，桿体が優位に働く明るさを暗所視とよぶが，明所視は555 nmをピークとする錐体の視感度，暗所視は507 nmをピークとする桿体の視感度で光を知覚し，その間の薄明視では錐体と桿体の視感度を組み合わせたものとなる．

前述したとおり，測光量は単純なエネルギー量ではなく，人の明所視の知覚に基づいていることで様々な視覚心理指標と相性がよく利点も多いが，図 2.2.8 に示すように，環境の明るさによって連続的に視感度が変化する特性までが反映された値にはなっていないため，その数値の扱いには注意が必要である．

とりわけ，夜間の屋外空間は暗所視から薄明視の範囲で計画されることが多く，明所視を基本とした測光量では視覚心理指標とのズレを生じやすい．たとえば，夜間街路灯を設計する際に，路面照度や鉛直面照度を手がかりにすることが一般的であるが，

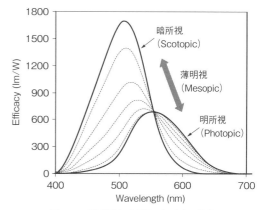

図 2.2.8 明所視と暗所視の視感度の推移

長波長成分を多く含む低色温度（色温度については15頁を参照）の光源と短波長成分を多く含む高色温度の光源では，同じ照度であっても明るさの印象が異なり，後者のほうが明るく感じる．また，その傾向は暗い環境ほど顕著である．

屋外照度基準 JIS Z 9126：2021 では，上記の影響を反映させるための改訂を行っている．従来の設計照度が水銀灯の分光分布で知覚する明るさに基づくとの前提に立ち，それよりも S／P 比（暗所視の感度と明所視の感度で計算した光量の比率で S は暗所視（scotopic）を，P は明所視（photopic）をさす）の高い光源を使用する場合は，同等の明るさと感じる照度まで低下させることが可能となった．S／P 比が高い光源は，概して青白く色温度が高くなる傾向があるため，その光色が光源の設置街区の雰囲気に合っているかは一考する必要はあるが，同程度の明るさ印象のまま照度を下げることで省エネルギーにも寄与するため，選択肢の 1 つになるだろう．

このように，既存の測光量に加えて，人間の知覚の変動を考慮した補正を検討していくことで，より人間の感覚に合う精緻なデザインが可能となる．

●プルキンエ現象

明所視と暗所視で視感度が異なることによって，明所視では鮮やかに知覚できた赤などが暗所視になると暗くくすんで見え，逆に青などは明所視よりも暗所視のほうが鮮やかに感じるといったように，同じ色に対しての印象が環境の明るさによって変化することをプルキンエ現象とよぶ．屋外に設置されるサインなど，明るさの変化が大きい環境での情報伝達に色を使用する際は，このような傾向に十分配慮しておく必要がある．

●順　応

人間が地球上で体験する光環境は，星明りでは0.1 lx を下回るほど暗い環境から，日中の直射日光の下では 10 万 lx をこえる明るい環境までと，本当に幅広い（図 2.2.9）．この幅広いレンジに対応する

図 2.2.9 自然光による照度推移のイメージ

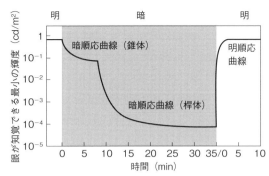

図 2.2.10 時間経過に伴う眼が知覚できる最小輝度の推移

ため，虹彩により瞳孔径を調節することで目に取り込まれる光の量を調節したり，錐体と桿体と感度の異なる 2 種類の視細胞を用意し，適宜切り替えたりしている．このように眼の感度を環境の明るさに合わせて変化させることを順応とよび，明るい場所から暗い場所に慣れることを暗順応，暗い場所から明るい場所に慣れることを明順応とよびわけている．

暗順応と明順応では感度が安定するのに必要な時間が異なり，図 2.2.10 に示すように明順応は 1 分以内で安定するのに対し，暗順応は 30 分程度とかなり時間がかかる．明順応と暗順応の時系列での感度変化をみると，明順応では錐体と桿体の感度低下に差がないが，暗順応では 10^{-1} cd/m^2 を下回ったあたりで屈曲する．これは，錐体と桿体の感度の上昇のカーブが異なることにより 2 段階のカーブとなる．

照明デザインを考える際に，設計対象の場の明るさだけを考えてしまいがちであるが，イメージどおりの明るさを知覚させるためには，そこに至る過程のほうが重要であることがある．たとえば，地下鉄の駅で地上から地下へと階段を降りていくことがあるが，晴れた日の屋外から地下空間への急激な暗順応によって眼が不安定な状況での段差認識は困難である．また，美術館や博物館などでは，鑑賞物保護のために暗めの照明環境とすることがあるが，空間の変化をつけるために途中で明るい屋外空間へ導かれるような動線計画になっていると，再度鑑賞空間に入った際に順応が十分でなく，作品の色彩を十分に知覚できないということが生じてしまう．暗い環境に導く際にはアプローチを長くとり，段階的に暗くしていくなどの配慮が望ましい．

また，車を運転する際など，生物としての移動速度をこえた環境下では，備わっている順応の能力では対応しきれない事態が生じやすいため対策が不可

欠である．実際にトンネルの計画では，出入口付近の明るさを人工照明で高め，トンネル内外の明るさ対比を軽減し，眼の機能を助けるよう配慮されている．

●色温度と相関色温度

自然界における光の量の変動は図2.2.9に示したように大変大きいが，同様に光色も大きく変化する．この色の変化を表すものとして，色温度（K）がある．黒体からの熱放射による光の色は温度が低いほうから，赤，黄，白，青白の順に見え，その色と等しい光色を絶対温度Kを用いて表現している．自然光に限らず，人工照明の場合も光色が図2.2.11に示す黒体放射軌跡の色度と一致すれば色温度として表現するが，色温度の曲線からズレが生じる場合に相関色温度と表現する．なお，このズレの程度は色偏差（d_{uv}，もしくはDuv（＝1000 duv））とよび，±0.02 d_{uv}までの範囲で相関色温度を適用できる．黒体放射軌跡より上側（＋d_{uv}）は光色が緑味をおび，下側（－d_{uv}）は光色が赤紫味をおびるので，同じ相関色温度の光源を選んでも色が異なって見えることがあり注意が必要である．なぜ人工光源を黒体放射軌跡に合致させないのかと疑問に思うかもしれないが，ズレているほうが肌の色がきれいに見えるなど，演色の観点でプラスのこともあり，意図的にズラしているものがあり，目的に応じてd_{uv}も選択するとデザインの幅が広がるだろう．

自然界における光量と色温度の関係に関連して，A. A. Kruithof[4]の知見（図2.2.12）も紹介しておこう．1941年の研究であり当時の光源では演色性なども考慮されておらず，実験条件などに不明な点が多くあり定量的には扱えないが，低色温度の際に低照度，高色温度の際に高照度が快適とする定性的な傾向は，昼光の変化と一致しているため違和感が少

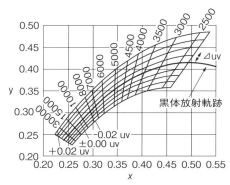

図 2.2.11 xy 色度図上の黒体放射軌跡と色偏差

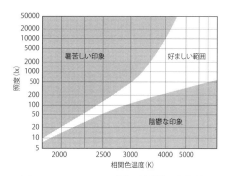

図 2.2.12 クルイトフ曲線（文献[4]より作成）

なく，長い間セオリーのように受け入れられている．

3） 視環境のデザイン

建築空間をデザインしていく際に，快適な視環境を構築するために，下記の項目を考える必要がある．

① 視作業に必要な明るさが担保されているか
② 視作業を妨げるような不快要素がないか
③ 雰囲気が好ましいものとなっているか
④ 生体としてのネガティブな影響が生じないか
⑤ エネルギーは効率よく利用されているか

視覚を通じて得る情報は，瞬時的な印象を導くものと長期間の暴露によって受ける影響があるが，主に①から③の項目は前者に該当し，④や⑤は後者に該当する．以下に，各項目を適切に選択するための手がかりを紹介する．

●視作業のための明るさと空間の明るさ

明視性とは視対象の見えやすさをさし，視環境をデザインする際に重要な要素の1つである．明るさが適切であること，視対象の大きさが適切であること，視対象と背景との対比が適切であること，そして，見る時間が適切であることが重要とされ，明視4条件（明るさ・大きさ・対比・時間）といわれる．

適切な明るさを選択する手がかりとして，JIS Z 9110やJIS Z 9125などの照度基準がある．古くは，視作業性を担保するための値であったと思われるが，現在は空間の雰囲気も含めた値としての役割も担っている．図2.2.13は一般事務室の推奨照度の変遷である．人の視機能はそれほど変わらないはずなのに，年々推奨照度が上昇しており，視作業性を担保するためだけの値ではないことがわかるだろう．

図2.2.14は紙面の文章の読みやすさと作業面照度の関係と，読む環境としてちょうどよいと感じる明るさの範囲を示したものである．若齢者のグラフを

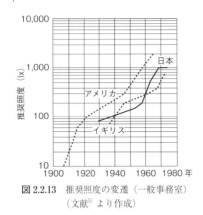

図 2.2.13 推奨照度の変遷（一般事務室）
（文献[5]より作成）

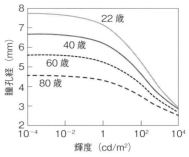

図 2.2.15 年齢別の瞳孔径と輝度の関係
（文献[7]より作成）

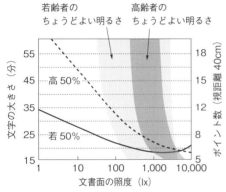

図 2.2.14 作業面照度と文字の読みやすさおよび
環境の適切さ

見ると，10 ポイントの文字を 40 cm の距離から読む（視角 30 分に相当）のであれば，100 lx もあれば十分であるが，ちょうどよい明るさの範囲は，図 2.2.13 の変遷でたどった照度値をすべて包含する以上に広い．つまり，落ち着いた印象にしたければ暗めに，さわやかな印象にしたければ明るめになど，雰囲気にあわせた空間の明るさの選択にはかなり自由度がある．

ただし，留意したいのは高齢者のちょうどよい明るさの範囲は若齢者よりも狭く，調節機能の低下による影響がうかがえることである．図 2.2.15 は輝度と瞳孔径の関係を年齢別に示したものであり，高輝度の環境では年齢による差が少ないが，低輝度の環境ほど瞳孔径に差が生じている．高齢者は若齢者ほど瞳孔径を広くできないため，光を十分に取り込めず，同じ環境にいても若齢者よりも暗く感じている可能性が高い．一方で，加齢に伴い水晶体内のタンパク質が白く変色すると，眼球内に入射した光が散乱し（眼球内散乱とよぶ），光量が多いほど明視性を低下させるため，明るすぎても問題が生じる．

不特定多数の人が同時に利用する空間では，快適

域の狭い利用者に合わせたデザインにすることで，両者の快適性を高める選択となりうるが，類似した環境ばかりとなる危険性もある．空間内に複数の異なる光環境を用意し，場の選択を利用者にゆだねることや，個別制御ができる要素をデザインに組み込むことで，個々の快適性向上につながるだろう．

●陰影の影響

明視性や空間の雰囲気に影響を与える要因の 1 つに陰影がある．学校の教室の窓の配置を思い浮かべると，黒板に向かって左側に窓があったのではないだろうか．右利きの人が主流とした考え方ではあるが，昼光の影響で手の影がノートに落ちて，明視性を低下させないためのデザインである．

また，立体の視対象が適切な見えとなる程度をモデリングというが，これも陰影の影響が大きい．博物館で彫像などの立体物を展示する際に，その形状や素材感などを適切に伝えるためには，適度な陰影が必要になることは容易に想像ができるだろう．他にも，レストランなどで食事をしたり，オフィスでミーティングをしたり，コミュニケーションが大切なシーンでは，相手の表情から得る情報が多くあるが，光の当たり方は印象を大きく左右する．目的とする見え方に応じて，窓や照明器具の配置，配光などをコントロールし，指向光や拡散光のバランスを調整する必要がある．

関連して，明るい窓などを背にして視対象物が配置されると，正面が陰となり見えにくくなることをシルエット現象という．明視性が担保された適切な見えとは当然いえず，背景となる明るい部分の輝度をカーテンなどにより低下させるか，視対象物の影となっている部分に光が当たるように窓や人工照明を配置するなどの配慮が必要となる．

●グレア

　視野内に窓や光源などの高輝度なものがあると，まぶしさを感じることがある．昼光が水面に反射してキラキラするグリッタリングなど，中にはまぶしさを感じてもそれがポジティブな印象を導くものもないわけではないが，大半は生じないように対策を講じるべきものであり，心理的な不快感を引き起こすものを不快グレア，視対象物を見えにくく機能面を低下させるものを減能グレアとよぶ．

　グレアを生じさせないためには，高輝度なものを視線から近い位置に配置しないこと，高輝度なものの見えの大きさ（立体角）を小さくすること，発光部輝度を低くおさえること，環境の明るさを明るくする（暗くしすぎない）ことなどがあげられる．

　また，図 2.2.16 のように光源から直接目に光が差し込む状況を直接グレア，物体を介した反射光によるものを反射グレアとよぶ．前者は計画時に認識しやすいので，利用者の直視できる範囲に光源を配置しない，もしくは遮光するなど対策を講じやすいが，後者は PC やタブレットなどのモニタや光沢のある紙に印刷された雑誌など，利用者によって持ち込まれるものによって生じることもあるため，設計者側での対策が困難な場合もあるが，指向性の強い光源と鏡面性の高い素材の組み合わせを避けるなどの対策は可能である．なお，高齢者は若齢者よりも不快グレアの許容限界輝度が低く，まぶしさによる不快

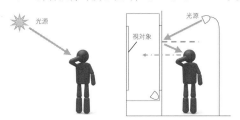

図 2.2.16　直接グレア（左）と反射グレア（右）

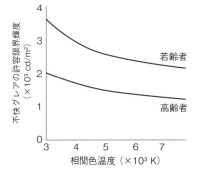

図 2.2.17　光源の相関色温度と不快グレアの許容限界輝度との関係（文献[8]より作成）

を感じやすい（図 2.2.17）ので，高齢者の利用が想定される空間では，より慎重な対策が求められる．

4)　色の効果

●色のコミュニケーション

　「空色のカーテンを」と依頼しても，相互の色の認識が必ずしも一致せずイメージどおりの色の商品が届くとは限らない．色を他者と共有してデザインに用いていくためには，色の表現方法を適切に用いる必要がある．

　色を表現する方法には，大きく分けて色名による表現手法と数値や記号などで体系化した表現手法がある．まず，色名による表現手法として慣用色名（ex. レモン色，うぐいす色など，実際の物の名称と色が結びついているもの）と系統色名（ex. 鮮やかな赤，くすんだ緑など，修飾語と色名の組み合わせで表現するもの）がある．どちらも日常的な利用には便利で，JIS Z 8102（物体色の色名）JIS Z 8110（光源色の色名）に定められているが，表現できる色数が限られ，色のイメージが必ずしも一致せず，壁を塗るペンキの色指定など正確な色の伝達や詳細な色の制御が必要な場面での利用には適さない．

　上記の問題を解決すべく作られたのが表色系である．数値や記号などで体系化した色の表現手法で，色の見た印象を尺度化し，その違いを等間隔に数字で表示する方法の顕色系，混色の原理に基づいて単位を決めて色を表示する方法の混色系と2つに大別される．本項では，顕色系の例としてマンセル表色系，混色系の例として RGB 表色系と XYZ 表色系を紹介する．なお，顕色系は物体色にのみ使用されるが，混色系は光源色・物体色の両方に使用できる．

●色の三属性

　表色系の説明の前に，基本となる色の三属性について説明する．色の三属性とは，「色相」「明度」「彩度」の3種類の色の特徴を表す要素のことで，「色相」は色味の種類，「明度」は色の明るさの程度，「彩度」は色の鮮やかさの程度を表す．なお，色相を感じる色を有彩色，感じない色を無彩色とよぶ．無彩色は明度の高低のみで表現される．

●マンセル表色系

　マンセル表色系は，色の三属性によって色を表示する典型的な表色系である．色相・明度・彩度を Hue・Value・Chroma と表示し，系統的に色を配

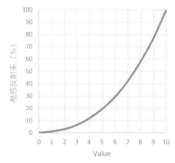

図 2.2.18 Munsell Value と視感反射率の関係

列した標準となる色見本（色票集）をもっている.

　優れた特徴として，色相・明度・彩度のうち二属性が一定という条件下において，残りの一属性の記号に付随する数値の間隔が色の違いの間隔に対応する（＝等歩度性）ため，感覚的にわかりやすい. 世界的に最も利用されている顕色系表色系で，国をこえた色の共通言語としての役割を果たしている（日本では JIS Z 8721 に規定）.

　また，図 2.2.18 に示すように明度から視感反射率が推定できることも大きな利点である. 照明シミュレーションを行う際には，内装材の反射率を指定する必要があるが，一般的に壁紙のカタログなどにはその記載がない. しかし，マンセル色票が手元にあればそれを手がかりに推定が可能であるし，日本塗料工業会の色見本（ペンキの色見本）にはマンセルの明度の値が記載されている. このように，色を選び決定するプロセスに大変重宝する表色系である.

●RGB 表色系と XYZ 表色系

　赤（R：700 nm）と緑（G：546.1 nm）と青（B：435.8 nm）を光の 3 原色とよび，この 3 色の混合比率での色表現を目指して考案されたのが RGB 表色系である. しかし RGB の光を混色しても表現できない色があり，それらは R を足すことで GB の混色と等色となるため，RGB を 3 次元の直交座標で表現すると図 2.2.19 のように R の軸がマイナスとなった. そこで，白と黒の点は動かさずすべての値がプラスを取るよう変換した XYZ 表色系が提案され，全ての色が X＋Y＋Z＝1 となる 3 次元平面上に付置された.

　さらに，3 次元で表現される XYZ 表色系を 2 次元に変換したのが Yxy 表色系である. Y を視感反射率もしくは輝度値として別に表現することで，図 2.2.20 の xy 色度図で色相と彩度の表現を可能としている.

　このシステムは，混色が原点であることもあり，異なる光色の 2 種類の光源を組み合わせて使う際などその 2 点を結ぶ線分上を混合比率に応じて色が推移するため，混合した光色を簡便に確認できる利点がある. ちなみに，x：0.3，y：0.3 の座標が白色点なのだが，白色点を通る直線の両側の色の関係が補色（混ぜると白色光になる色どうし）になっている.

　図 2.2.20 の中に描かれているのは MacAdam の弁別楕円とよばれ，同じ色と知覚される範囲を示したものである（わかりやすくするため楕円の大きさを 10 倍に拡大して表示）. 上部の領域（緑）では楕円が大きく，左下の領域（青）では小さく，色差（2 点間の距離）と色の違いの感覚が一致していないことがわかるだろう. 色の管理には色の知覚のズレの程度を把握する必要があるが，それには適していない.

　この問題を解決するため，MacAdam の楕円が等しい大きさとなるように変換式の修正を繰り返して，均等色度図（UCS 色度図ともいう）が検討されてきた. 現時点では，図 2.2.21 に示す CIE L*u*v*

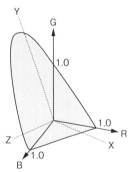

図 2.2.19 RGB 空間のイメージ（CIE 1931）

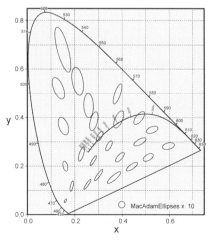

図 2.2.20 xy 色度図

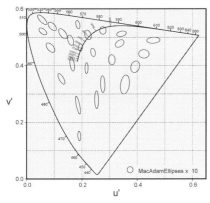

図 2.2.21 u′v′色度図

色空間が提案されており，おもに光源色の検討に用いられている．また，CIE L*u*v*色空間とは異なる発想に基づき，色覚の反対色理論を応用した CIE L*a*b*色空間も提案されている．こちらは，マンセル表色系と対応がよい傾向を示し，主に物体色に用いられている．いずれも，理想の均等色空間にはまだ改善の余地があり，研究が継続的に行われている．

　色の表示方法は紹介したもの以外にも様々あるが，長所・短所があるので，各々の特徴を正確に理解したうえで目的に応じて選択してほしい．

●色の面積効果

　マンセル表色系の色見本などを用いて，壁面など大面積に利用される色を選定する際には，面積の大小によって，色の見え方が変化することを考慮する必要がある．一般的には，小さな面積に対して大きな面積のほうが明るく，鮮やかに感じられると説明されることが多いが，低明度で低彩度の場合は，面積が大きいとより明度と彩度が低く感じられる．この様に，面積の大小で明度や彩度に変化を感じることを色の面積効果という．

●色の順応と恒常性

　視細胞の S, M, L 錐体は異なる視感度をもち（図 2.2.1 参照），錐体ごとに刺激の強弱が生じるが，強いものを抑制する方向に働く．電球色の光の空間に入った直後はオレンジ色だと思っても，しばらく経つと当初より白っぽい印象が変化する経験をしたことがあるだろう．デジタルカメラで「ホワイトバランス」が自動調整される技術と似ており，このような現象を色順応とよぶ．

　色順応は網膜レベルで生じるが，脳のレベルで起こる色の恒常性という現象もある．物体の色を記憶しているときに生じるが，環境を照明している光色

の条件が変わってもその光色に引きずられることなく，同じ物体は安定して同じ物体色として知覚される．たとえば，夕日に照らされた白い車を見て，オレンジ色の車だとは思わない．

　ただし，脳での判断となるとときに誤認も生じる．スーパーなどの食料品売り場では，肉には赤みの強い光，葉物などには青みの強い光を当てつつ，売り場全体の照明光は白色にしておくことで，「白色の光の下なのにこれだけ赤いのなら新鮮」，もしくは「これだけ緑が鮮やかなら新鮮」と思い込ませる手法が用いられることもある．意図的にこのような手法を用いる場合は問題ないが，無計画に隣接する空間の連続性を考慮せずに異なる色温度を混在させると，色の認識に混乱が生じる可能性があり注意が必要である．

●色覚の違い

　錐体それぞれの応答の比率によって色を認識しているため，図 2.2.22 のように錐体が3種類の場合は△と○の違いを認識するが，S, M 2種類の場合は，○はすべて等比率となり同じ色と認識される．そのため，錐体の種類が多いほど色の識別能力は高いが，明るさのコントラストや形や形状の違いは3色型より2色型のほうが敏感との報告もあり，得意分野が異なる．

　錐体の種類は遺伝的に決定されるが，後天的にも緑内障などの疾患で視細胞が損傷し，2色型と類似した色覚となることもある．なお，遺伝的な2色型では M 錐体がない人が最も多く，次いで L 錐体だが，後天的の場合は S 錐体から損傷を受けやすい．

　2色型の人が混同しやすい色を確認するには，図 2.2.23 の混同色線が参考となる．他にも，近年スマートフォンのアプリなどで色覚が異なる人どうしの相互理解を助けるツールが多く提案されており，「色のシミュレーター[1]」のように3色型の人が2色型の色覚を疑似体験できたり，「色のめがね[2]」のように2色型の人が3色型の識別による色名を確認できるので，積極的に利用してほしい．

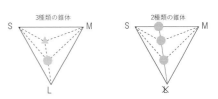

図 2.2.22 錐体の数と色の認識のイメージ

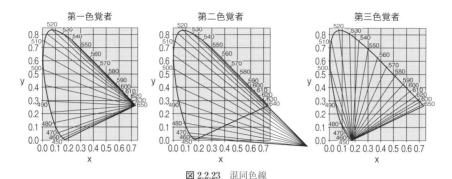

図 2.2.23 混同色線

また，加齢によっても色覚は変化する．水晶体は加齢に伴い透過率が低下するが，特に短波長（青色など）の低下が大きい．たとえば，ガスコンロの青白い炎は，青色の知覚が低下している高齢者には認識しづらく，炎の大きさを把握できないことが「着衣着火」などの事故につながっている．

以上のように，色覚は多様で各々不得手な色の組み合わせは異なり，すべての色覚で万能な配色を考えることは容易ではない．サインなど誰にでも届けなければならない情報は，使用したい色どうしの境界に明度の異なる無彩色や金属色をはさみセパレーション効果を用いることで，配色のイメージを大きく変化させずに改良することが可能である．

●ストループ効果と安全色

「文字や記号からイメージする色」と「色彩で認識する色」の2つの異なる情報が同時に示され，相互に干渉すると情報処理の過程で葛藤が起き，行動が遅れたりすることをストループ効果という．たとえば，トイレの男女を表すピクトグラム（genderの観点からスカートのデザインや色の使用が今後見直されるかも知れないが）があるが，男性を暖色系，女性を寒色系で表示した場合を想像してみてほしい．日常的に認識している色が入れ替わっているため，混乱するのではなかろうか．他にも，弱視など形状の詳細な認識が困難な場合，色を手がかりに判断することもあり，イメージと色の組み合わせに齟齬を生じさせないことは重要である．特に，表2.2.1に示す JIS Z 9101 や JIS Z 9103 の安全色をデザインに利用する際は，色に結びつけられている意味に注意して使用する必要がある．

●景観における色の役割

屋外環境は室内環境と比較して，多様な要素で成り立っているため，景観の中で目立たせるべきものと馴染ませるべきものなど，役割分担を整理して色

表 2.2.1 安全色と意味（JIS Z9101, 9103 より抜粋）

色	意味や目的
赤	防火，禁止，停止，危険，緊急
黄赤	注意警告，明示
黄	注意警告，明示，注意
緑	安全状態，進行，完了・稼働中
青	指示，誘導，安全状態，進行，完了・稼働中
赤紫	放射能，極度の危険

彩をコントロールすることが望ましい．たとえば，標識など周知すべきサインは，安全色（表2.2.1 参照）のように高彩度であることが多い（高彩度の色は誘目性も高い）ので，他の要素（建築物や道路，自然物など）を低彩度に抑え馴染ませることで，情報の差別化が行える．実際，景観法が 2004 年 12 月に施行され，景観条例などで色彩誘導が進んでいるが，その多くは高彩度の利用を規制し，類似調和を目指した物が多い．上記にあげた例は，落ち着いた印象の景観となるだろうが，華やかに類似調和をさせる方法もある．ニューヨークの 42 番街は，大きい看板を推奨し，電飾の点滅（看板に動的な変化があること）深夜 1 時までは点灯するなどのルールが定められており，昼夜問わず街の活気や賑わいを生み出すツールとして活用されている．治安の向上などに寄与した歴史的経緯もあり，街の個性を生かした景観の規制方法が検討・提案されるべきである．

関連して，夜間景観についてもふれておきたい．住宅街の外壁の色選択は，夜間街路の明るさの印象に大きく寄与する．昼間の印象を優先して，落ち着いた印象をと低明度の色ばかりが選択されると，街路灯から光が照射されても，暗い印象となる．街路の明るさは，他より暗い場所が生じると犯罪率が高くなるなどネガティブな影響が生じかねないため，周辺街路との明るさの連続性などにも配慮し，総合的に判断してほしい． 〔加藤未佳〕

2.3 音 環 境

本節は，建築や都市の環境デザインにおける音に関連する側面を扱う．よりよい建築・都市環境を実現するためには聴覚的な要素も考慮することが不可欠である．また，人の立場や意識の違いによって同じ音環境でも意味合いが変わることもあり，あるときはその音を聴きたい対象として扱うが，あるときはその音が行為を妨害する要因になりうる．このような二面性も音環境を考えるうえで重要な視点であり，音にかかわる心理的効果を理解しておかなくてはならない．

1) 聞こえるということ

●音とは

音は空気のような弾性体の中を圧力の変化（媒質粒子の振動）が伝搬する波の一種であり，音波とよばれる．音波のように，媒質粒子が振動する方向と波の進行方向が等しいものを縦波（疎密波）という．縦波による空気の圧力の変化を音圧といい，これは粒子の往復運動によって生じるので周期性を有する．1秒間に空気粒子が往復運動する数を周波数といい，単位には Hz（ヘルツ）が用いられる．たとえば，1秒間に空気粒子が 1,000 回振動する音は1,000 Hz（または 1 kHz），50 回振動する音は 50 Hzである．周波数は音の高さに対応する物理量であり，周波数が高い音は聴感的に高く知覚され，周波数が低い音は聴感的に低い音として知覚される．人間の耳で音として知覚される，つまり，聞くことのできる音の周波数の範囲（可聴周波数帯域）は，人によって，また，年齢によっても異なるが，おおよそ 20～20,000 Hz（20 kHz）であり，これより低い音を超低周波音，これより高い音を超音波とよんでいる．

一方，音の大小の印象にかかわる物理量は，空気粒子の往復運動によって生じる空気の圧力変動の大きさを表す音圧である．人間が音として知覚することができる最小の音圧を最小可聴値といい，周波数によって大きく異なるが，2,000 Hz でおおよそ 20 μPa である．これに対し，耳に損傷を受けない範囲の最大の音圧を最大可聴値といい，こちらも周波数

によって大きく異なるが，おおよそ 20 Pa である．音圧の単位は Pa（パスカル）であるが，音として知覚できる最小と最大の音圧の範囲は $1:10^6$（音の強さは音圧の 2 乗に比例するため，音の強さでは $1:10^{12}$ となる）と非常に広い範囲であるため，標準状態の空気中では 20 μPa を基準値として，対数尺度を用いて dB（デシベル）の単位で表すことが一般的である．このような音の表し方を音圧レベルという．つまり，人間が音として知覚することができる音圧レベルの範囲は，周波数によって異なるものの，おおよそ 0～120 dB ということになる．音圧レベルは物理的な音の強さを表している．

●音の三属性

聴覚によって知覚される音の心理的な特徴を表す用語として，音の大きさ（ラウドネス），音の高さ（ピッチ），音色があり，これらを音の三属性という．音の大きさ（ラウドネス）は物理的な音の強さにかかわる聴覚特性であり，聴感上の音の大小を表す．つまり，音圧レベルが高いほど強い音で，聴感的に大きく聞こえることになる．音の高さ（ピッチ）は音の周波数に対する聴覚特性であり，聴感上の音の高低を表す．音色は音の周波数特性（スペクトル）とかかわりが強く，2 つの音の大きさおよび高さがともに等しくても，それらの音が異なった感じを与えるとき，その相違に相当する性質を表す．たとえば，同じ大きさの同じ高さの音であっても，様々な楽器の音や人の声を区別できるのは音色が異なるからである．音の大きさ（ラウドネス）と音の高さ（ピッチ）はそれぞれ大小や高低の一次元的尺度で表すことができるが，音色は多次元的な要素からなり，音色の違いを感じるメカニズムはきわめて複雑である．

●聴 覚

音波の刺激によって人間の耳に生じる感覚を聴覚とよび，音は聴覚器官によって感知される．図 2.3.1 のように，耳は大きく分けて外耳（耳介，外耳道），中耳（鼓膜，耳小骨），内耳（前庭，三半規管，蝸牛）から構成されている．音波は耳介で集音され，外耳道を通って鼓膜を振動させ，鼓膜の振動が耳小骨（つち骨，きぬた骨，あぶみ骨）に伝達し，前庭窓を介して蝸牛に伝わる．蝸牛は長さ約 3 cm の螺旋状に巻かれた管で，音を感じ取る役割を担っている．蝸牛の内部は基底膜によって前庭階と鼓室階に二分されているが，先端の蝸牛孔でつながっており，リン

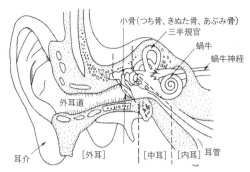

図 2.3.1　耳の構造（文献[3]を元に作成）

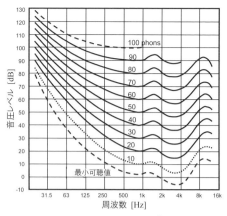

図 2.3.2　等ラウドネス曲線（文献[4]を元に作成）

パ液で満たされている．耳小骨から伝達された振動はリンパ液中を伝わって基底膜を振動させ，基底膜に付着している神経線維細胞（有毛細胞）によって振動が電気インパルスに変換され，蝸牛神経を通して脳に伝達される．このようにして人間は音を知覚している．なお，外耳は集音効果の他に，音の到来方向の検知の役割も果たしている．蝸牛の入口付近（蝸牛底）の有毛細胞は高い周波数の音に対して，蝸牛の奥側（蝸牛頂）の有毛細胞は低い周波数の音を感知している．

　有毛細胞は再生しないため，大きな音に暴露されて有毛細胞が損傷すると聴力損失が生じてしまうことになる．大きな音に数時間暴露されると一時的難聴になり，これを繰り返すと永久難聴になる場合もある．たとえば，イヤホンによって音楽を大音量で定期的に聞く場合，永久難聴になる恐れがあることを理解しておいて頂きたい．通勤や通学での鉄道列車内においてイヤホンなどで音楽を聴く人がいるが，そのときは自身の聴力保護の観点からも外部に音が漏れるような大きさで聴くことは避けたほうがよい．一般に，20代をすぎると加齢に伴って聴力は低下する．これを老人性難聴という．高い周波数の音から聞こえが悪くなるため，高齢者は音声の聴取において子音の聞き分けが困難になりやすい．

2)　音の大きさの感覚特性
●ラウドネスレベル

　前述のように，人間は音の高低について 20 Hz〜20 kHz の周波数の範囲を，音の大小の感覚にかかわる音の強さについては 20 μPa〜20 Pa（音圧レベルでは 0〜120 dB）の範囲を知覚することができる．しかしながら，人間の聴覚の感度は音の周波数によって異なる．つまり，聴覚は周波数特性をもって

おり，音圧レベルが同じでも周波数によって音の聴感的な大きさ（ラウドネス）は異なる．図 2.3.2 のように，1,000 Hz の純音を基準として，それと感覚的に大きさが等しくなる他の周波数の純音の音圧レベルを繋いだ曲線を等ラウドネス曲線という．等ラウドネス曲線は 1,000 Hz の純音の音圧レベルを基準として定義されているので，これに phon（フォン）という単位をつけてラウドネスレベルとよんでいる．つまり，1,000 Hz の純音の音圧レベルがそのまま phon の値になっている．等ラウドネス曲線を読み取ることで，周波数によって異なる音の聴感的な大きさを比較することが可能になる．

　図 2.3.2 をみると，周波数が約 200 Hz 以下及び 5,000 Hz 以上で耳の感度は低下しており，3,000〜4,000 Hz あたりで耳の感度は最もよいことがわかる．そのため，音圧レベルが同じでも周波数によって感覚的な音の大きさは異なる．たとえば，音圧レベルの等しい 125 Hz と 4,000 Hz の音を聞き比べると，前者より後者のほうが大きく知覚されることになる．

●ラウドネス

　前述のラウドネスレベルは同じ大きさに聞こえる音を物理的に説明することはできるが，音の大きさの感覚に比例する量ではないため，異なる大きさの音の比較に用いることはできない．たとえば，100 phon の音は 50 phon の音の 2 倍の大きさには感じられない．そこで，感覚量に比例する尺度を実験的に求めてラウドネスとよぶこととし，単位には sone（ソーン）を用いている．音圧レベルが 40 dB の 1,000 Hz の音（ラウドネスレベルで 40 phon）の音の大きさを 1 sone と定義して，その 2 倍の大き

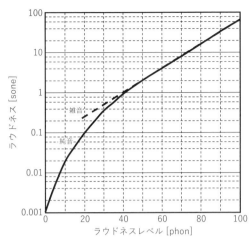

図2.3.3 ラウドネスレベルとラウドネスの関係
（文献[1]を元に作成）

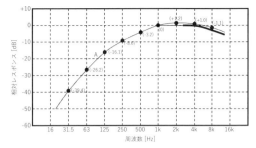

図2.3.4 A特性の周波数重み付け
（文献[2]を元に作成）

さに聞こえる音の大きさを2sone，8倍の大きさに聞こえる音の大きさを8sone，つまり，n倍の大きさに聞こえる音の大きさを$n$soneとする．ラウドネスレベルは加算性が成り立たないが，sone値は加算できる．ラウドネスとラウドネスレベルとの関係を実験的に求めたものが図2.3.3である．

●ウェーバー・フェヒナーの法則

人間が知覚する音の大きさなどの感覚量は，その刺激の物理量の対数におおむね比例するという関係がある．聴覚のみではなく，明るさなどすべての感覚量においてみられるものであるが，聴覚においていえば，音の強さ（刺激の物理量）が2倍，4倍，8倍と等比数列的に増加したときに音の大きさ（感覚量）も2倍，4倍，8倍とはならず，等差数列的に等間隔に増加していくように感じる．これをウェーバー・フェヒナー（Weber-Fechner）の法則という．小さい音を聞いているときは小さな音の変化を感知できるが，大きな音を聞いているときはより大きな音の変化でなければ感知できない．

●スティーブンスのべき法則

ウェーバー・フェヒナーの法則は弁別閾値に基づいて得られた法則であるが，これに対して，スティーブンス（S. Stevens）によって，標準刺激に対する強度の感覚を基準とし，比較刺激の強度に対する感覚が標準刺激の何倍に相当するかを被験者自身に判断させ数値で回答させるマグニチュード推定法（ME法）が提案されている．スティーブンスはME法によって，様々な感覚に対して感覚の大きさが刺激強度のべき乗に比例することが明らかにしており，

これをスティーブンスのべき法則という．音の強さとラウドネスの関係ではべき指数に0.3が用いられるが，最小可聴値に近い30 dB以下の範囲では，スティーブンスのべき法則から外れてしまう．

●A特性音圧レベル（騒音レベル）

人間の聴覚は低い周波数の音に対して感度が鈍いという特性をもっているので，図2.3.4のように，人間の聴覚特性に近い周波数特性の重み付けを行って測定した音圧レベルをA特性音圧レベル，あるいは騒音レベルという．単位はdB（デシベル）のままであるが，A特性音圧レベルや騒音レベルと表記されていると，通常の音圧レベルとは異なり，そのレベル値は人間の聴覚特性を考慮して周波数による感度の補正を行ったことを意味している．

●マスキング効果

静かなときには明瞭に聞こえる音でも，他の音が同時に存在することによって聞き取りにくくなる，あるいは，聞こえなくなることがある．これを聴覚のマスキング効果という．マスクする音をマスカーとよび，聞きたい音とその聴取を妨げる音（マスカー）のエネルギーの比（音圧レベルでは差になる）をSN比という．マスカーが強いほどSN比が小さくなるので，マスキング効果は大きい．また，マスカーと周波数が近い（音の高さが近い）音ほどマスクされやすい．音の高さが異なる場合には，マスカーより高い周波数の音は低い周波数の音よりマスクされやすい．

たとえば，鉄道駅などの公共空間では人の話し声や足音，列車音などが定常的に発生しているため騒がしくなりやすく，これらの音のマスキング効果によって構内放送が聴き取りにくくなってしまうようなことがある．一方，レストランやオープンプランオフィス，トイレの個室などでは会話の内容や行為音を周囲に聞かれたくないことも多く，BGMや空

調音, 流水音などによるプライバシーの調整にマスキング効果を活用することもある.

●スピーチプライバシー

スピーチプライバシーとは, わが国においては, 会話の秘話性, つまり, 会話の内容が他者に漏れ聞こえてしまうことを防止する考え方である. 医療・福祉施設や金融機関, 行政機関, オフィスなどでは, 情報漏洩が生じないようにするためにスピーチプライバシーの確保が重要となる. これに対し, 北米では Speech Privacy を他者の会話が邪魔にならない側面 (他者の会話によって妨害されない側面) として扱っており, わが国のスピーチプライバシーの考え方とは異なっている. 北米では, 会話の秘話性の側面は Speech Security という表現が用いられる.

他者への会話内容の漏洩を防止するためのおもな考え方として, 吸音 (absorption), 遮音 (block), マスキング (cover up) がある. これらの頭文字をつなげて ABC ルールとよばれている (ここに距離減衰 (distance) を加えて, ABCD ルールとよぶ考え方もある). 吸音は, 室内の反射を低減させ, 室内の音圧レベルの上昇を防ぐことができる. 衝立や壁で伝わる会話を遮音することは, スピーチプライバシーの確保において最も基本的な考え方である. 空間が連続している場合, 建築的に十分な遮音性能を確保することが困難なため, それを補完する手法としてマスキングという考え方がある. 聞こえると好ましくない音に対して, スピーカから妨害音 (マスカー) を発生させ, 会話の秘話性を高めるという考え方である. 妨害音には模擬空調音などの広帯域雑音や人の声を模擬した音, 川のせせらぎや鳥の声などの自然音, 音楽など, 空間に応じて様々なものが使用される.

●カクテルパーティー効果

大勢の人が会話しているような騒がしいパーティー会場でも, 特定の人の声に注意を向けるとその人の会話を聴き取ることができるであろう. このように, 複数の音が同時に存在するような騒がしい場合でも, 選択的注意によって聴きたい音だけを聞き取ることができるという心理的効果をカクテルパーティー効果とよぶ.

居室における騒音トラブルの1つに, 小さな音でも一度気になってしまうと常に聞こえ悩まされるということがあるが, これも一種のカクテルパー

ティー効果ともいえる. このように, 音の認知には人の意識のあり方が深く関与しており, 騒音レベルのような物理的側面のみでは評価しきれない部分が存在する.

●両耳効果と先行音効果

視覚による方向定位に比べると, 聴覚によるその精度は劣るが, 人間は頭部の左右両側に2つの耳をもっており, 両耳で音を聞くことによって目を閉じても音源の位置や音源までの距離, 空間的な広がりなどを知覚することができる. これは, 両耳に入力する音波が微妙に異なり, 両耳に到達する音の時間差や音の強さの差が音の空間的な認知の手がかりになっているためである. このような人間の聴覚のしくみを両耳効果とよぶ. 約 1,500 Hz 以下の周波数の音に対しては音波が両耳に到達する時間の差, 1,500 Hz 以上の周波数の音に対しては音圧の差が音の方向の知覚に重要と考えられている. 音が鳴っている方向を判断する際には, 頭部を動かしながら音の到来方向を確認することによって方向定位の精度はさらに高くなる.

複数の方向から到達する音がある場合, 人間の聴覚は最初に到達した音の方向を音源の方向として知覚する. この現象を先行音効果 (またはハース効果や第一波面の法則) という. 先行音効果も両耳効果によるものである. たとえば, 大規模なホールで講演を聞くような場合はマイクロホンが用いられることが多く, そのとき, 講演者から直接到達する音よりもスピーカから聞こえる音のほうが大きいことがある. しかしながら, 音量の差と到達時間の差が一定の範囲内で講演者からの直接音が先に到達すれば, 聴取者は講演者からの話し声が聞こえているように感じる. 電気音響設備の設計ではスピーカから再生される音を調整して, 音源の位置が適切な方向に知覚されるように工夫している.

3) 生活と音

●騒 音

聞く人にとって望ましくない音の総称が騒音である. 音楽の聴取や会話を妨害したり, 勉強や睡眠を妨げたり, 日常生活に支障を与えたりする音が例にあげられやすいが, どのような美しい音・良い音でも聞き手にとって不快な音や邪魔な音と受け止められると, その音は騒音となる. 騒音は喧噪感による

日常生活や作業への影響にとどまらず，場合によっては睡眠妨害や聴力損失など深刻な被害をもたらすこともある．

●都市における環境騒音

環境騒音は人の生活の質に深くかかわっており，それが問題になる場合は騒音に悩まされるという心理的影響のみならず，睡眠影響など健康被害を引き起こし，問題が大きくなると訴訟につながることもある．

環境騒音として問題になりやすい代表的なものとして，自動車，鉄道，航空機などの交通機関，工場などの生産施設，建設工事によって発生する騒音などがあげられる．さらに，スポーツ施設，大規模商業施設，風力発電施設からの発生音も問題になることがある．しかしながら，これらの交通機関や施設はわが国の産業や経済の発展，日常生活の利便性などのうえで欠くことのできないものである．よりよい都市や建築環境を築いていくためには，騒音を発生する施設やインフラの計画において騒音防止対策を行い，環境問題を解決しながら調和のとれた発展を遂げていくことが望まれる．

また，近年では，保育園の園庭で遊ぶ園児の声や学校の運動会・クラブ活動の音などが近隣の住民に騒音源として問題視されている事例もいくつかみられる．学校施設や保育施設が，社会的な必要性は認識しているが，自分の近くにはあって欲しくないという意識（NIMBY：Not In My Back Yard）とみなされるケースも報告されている．このように人の活動自体が騒音源になってしまう可能性があることも認識しつつ，施設計画の際に音環境の側面で周辺への影響を検討し，騒音に対する物理的対策のみならず，地域交流やコミュニケーションなどの社会的な取り組みも重要である．

●生活騒音のトラブル

1974 年 8 月に県営住宅で階下の住人のピアノの音がうるさいという理由で殺意を抱き，3 人が刺殺されるという事件が発生した．第一審の地方裁判所の判決理由の中で，加害者は極端に音に過敏であったという説明がみられる．この事件は生活騒音によるトラブルが社会問題として広く注目を集めるきっかけになった．また，2021 年 5 月にも戸建て住宅で住人が刺殺されるという事件が発生した．加害者は被害者のすぐ隣の戸建て住宅の住民で，被害者が発生する騒音で睡眠妨害を受けていたことが殺人の動機であると認めているようである．これらのように深刻な事態にまで至らなくとも，生活騒音に関するトラブルは少なくない．隙間を減らし，壁や床スラブを厚くするなど，物理的な遮音性能を向上させることが騒音防止対策として基本的な考え方である．

しかしながら，物理的な遮音性能が高くても騒音問題が生じる場合もありうる．生活を営むうえで周囲には様々な音が存在しているが，それらの音は状況によって情報として必要なときもあれば，不快な騒音となる場合もある．たとえ音楽が好きな人でも隣人が演奏するピアノは不快に感じることがある．また，音楽がそれほど好きでなくとも，家族が演奏しているピアノの音はそれほど不快に感じないであろう．このように，同じ音源に対しても音を出す側と音が聞こえる側の両者の社会的関係などに対して理解しておくことも騒音問題の解決には重要となる．

近年の集合住宅は高気密化や高断熱化が進むにつれて住戸の遮音性能は向上しており，上階の足音や物の落下音，子供の飛び跳ねや走り回る音など床衝撃音に対する遮音対策が施されるものも増えてきたことから，昔に比べると室内の静謐性は高まっている．その一方で，小さな設備系騒音（直上階の給水ポンプの稼働音，自住戸の給湯器の稼働音，直上階の洗濯機の稼働音，直下階の排水音など）に対して苦情が発生している事例や，外壁の給排気口のベントキャップへの水滴落下音が聴感上大きく聞こえて気になるような事例など，聞こえるか聞こえないかのような音圧レベルが低い音源に対して居住者が不快感を訴えるような新たな騒音問題も生じている．このような問題には，遮音性能の向上や騒音発生源の抑制という物理的な対応のみでは解決することが難しく，心理社会学的な側面による解決策の検討も必要になるであろう．　　　　　　〔辻村壮平〕

4）環境デザインとしてのサウンドスケープ

音の環境デザインとは，どんな音がいつ・どこで発生し，どこを伝わってどのように聞こえるかをコントロールすることである．あらゆる構築環境を作り上げてゆく中で，見えない環境は忘れられがちではあるが，最終的な快適性に深くかかわってくる．ここでは，どのように音の環境デザインを行うべきかについて考える．

●サウンドスケープとは

建物や都市空間のデザインを考える場合，どうしても視覚優位になりがちである．「サウンドスケープ（音風景）」とは，景観の中の音も含めて空間を評価する考え方である．そもそも風景というものは目だけでなく五感を通して感じるものである．安らぎや心地よさ，美しさといったものは何も視覚だけで成り立っているものではない．サウンドスケープという考え方を取り入れて心地よい音環境をつくることが，快適な建築や都市空間を実現するうえでとても重要になってくる．これらは質的な次元の評価であり，量的評価の方法は規定されていない．

たとえば，優れた庭園には実は様々な音の仕掛けが隠されている．日本庭園にある橋や四阿（あづまや）といった場所は，立ち止まって景色を楽しむ視点場であるが，同時に滝が流れ落ちる音やせせらぎなどの音を楽しめる場にもなっていることが多い（図2.3.5）．回遊式の庭園では，人が移動してシーンが変わっていくのに合わせて音も変わるように作庭されている．こうした作庭の意図は庭師の"暗黙知"として継承されてきた．現代の視点からそれらを"形式知"に転換し，目に見えない価値を再発見することがサウンドスケープの意義であるといえる．

サウンドスケープの概念の中には「サウンド・エデュケーション」というものがある．音に対して美しさを感じること，音の表情の豊かさに気づくことが，音への感受性を培うことになる．また，音がもつ文化的側面や果たす役割を考えることも教育である．これは科学的な知識の習得とも，音楽の技能向上のような演奏能力訓練とも異なる．人間の感性，感受性の教育といえる．音に対して根源的に向き合う体験を通したデザイン教育なのである（図2.3.6）．

図2.3.5 兼六園の翠滝

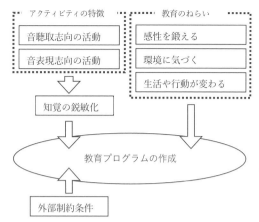

図2.3.6 サウンド・エデュケーションの考え方

図2.3.7 学校内外の音を探すサウンドウォーク

図2.3.8 参加者による音のオノマトペ（擬音語）と
イラストによる表現

図2.3.7，2.3.8は小学校の総合学習の中で実施した事例である．学校内外を歩き回りながら音を聞き，最終的にはそれを4コマ漫画風に描き表したものを共有した．

●音の響きの環境デザイン

残響（リバーブ）とエコーは異なるものである．残響は音の最後に残る余韻であり，エコーは分離して聞こえる反射音である．エコーは音響障害のもとになるため，これを生じないように気を配る．

残響のない空間では，名器といわれる楽器でも貧弱にしか聞こえない．適度な響きの中で初めて美し

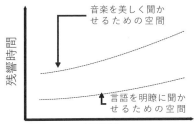

図 2.3.9 最適残響時間の考え方

い音になる．しかし，過度に響きすぎると明瞭度が下がってしまうため，設計目標としての最適残響時間といわれるものが提案されている．音楽を聴くための空間の残響時間は長く，講演や会話が主体の空間では残響時間は短めにする（図 2.3.9）．

残響時間を短くするには，吸音率の高い材を用い，空間の容積を小さくし，室内の表面積を増やす．長くするにはその逆である．

また，平行に向かい合った面は多重反射によるフラッターエコー，凹面の天井・壁は音の焦点やささやきの回廊とよばれる特定点で音が大きく聞こえるような特異現象を生じる．こういった形状を設計する場合には注意を要する．

響きが多い空間はまた，音圧レベル自体も大きくなる．近年は保育空間や学校の設計においても静けさを確保するために適度に吸音することが求められており，ガイドラインも示されている．

●音を遮る環境デザイン

音を遮ることで静かな空間を作ることができる．完全に2つの空間に区切る場合には壁体の遮音性能が大きな要素となる．塀のような半開放的な遮り方の場合は回折が生じる．低い音は回折しやすく，高い音は回折しにくい．壁や床などの振動で伝わる音（固体音）は空中を伝わる音（空気音）に比べて遮ることが難しく，予測も難しいので注意を要する．

●音を作る環境デザインと作らない環境デザイン

音を能動的に作り出すものとして，最も簡単なものは BGM をスピーカから流すことであろう．特定の商業空間ではそういったことも多く行われる．よりパッシブなものとしては噴水やせせらぎのように水音を使うものがあげられる．茶室前に設えられる水琴窟（図 2.3.10）も風雅である．また，風鈴のように風で音を生じる仕掛けも，日本の文化として古くから根づいている．

音自体には手を加えず，聞かせたい音に注意を向

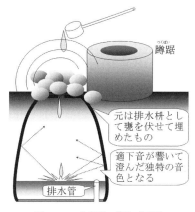

図 2.3.10 水琴窟の構造（図解）

蹲踞（つくばい）

元は排水枡として甕を伏せて埋めたもの

滴下音が響いて澄んだ独特の音色となる

排水管

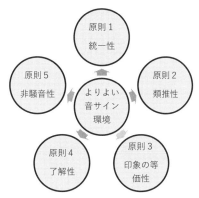

図 2.3.11 サイン音の5原則

原則1 統一性
原則2 類推性
原則3 印象の等価性
原則4 了解性
原則5 非騒音性
よりよい音サイン環境

けさせるデザインも可能である．たとえばベンチ，四阿（あずまや）のような人が停留する場を作ることでその場の環境に意識が向くようになる．

●ユニバーサル・デザインとのかかわり

現代的問題であるユニバーサル・デザインにも音はかかわってくる．駅の改札口などで聞こえてくるピーンポーンという音や駅のプラットフォームで聞こえる鳥の鳴き声のような音は雰囲気づくりのためのものではない．視覚障害者向けのサイン音なのである．これは障害者にとっては有用なものであるが，常に聞かされていると耳障りとなる．

視覚障害者は反射音の聞こえ方（エコーロケーション）や残響時間から，空間の広さや障害物までの距離を認識することに長けている．ただ単に音を追加するのではなく，「建築のつくり」として音環境をデザインすることも上質な空間づくりにつながる．障害者も健常者もともに快適と感じることができるような落としどころを見つけることが現代の一歩進んだ環境デザインといえる（図 2.3.11）．

〔土田義郎〕

2.4 温 熱 環 境

1) 温熱生理
●体温調節

われわれヒトは周囲の温熱環境が変化しても体温を 37℃ 程度の一定に維持する能力をもっている. ここでいう体温とは脳や臓器がある体内深部の温度のことで核心温ともよばれる. ヒトの体温の恒常性維持（ホメオスタシス）のための調節機構には自律性体温調節と行動性体温調節がある.

自律性体温調節は体内で産生される熱（これを熱産生という）と周囲環境へ放散する熱を過不足がないよう複数の器官で調節して体温を維持する. 体内では代謝の過程で多種多様なエネルギー変換が行われ最終的には熱が産生され, これが体温調節に利用される. 外的仕事がない場合, この熱量は代謝量と等しい. 体温が上昇する環境では, 皮膚血管を拡張して体表面近くの血流量を増加させることにより体内深部から環境への熱放散を促進する. 皮膚血管の拡張反応では体温上昇が抑えられない場合, ヒトは発汗して皮膚表面での水分の蒸発（気化熱）により体内深部を冷却させる. 体温調節にかかわる発汗は温熱性発汗とよばれ, 暑熱環境では効果的な熱放散の手段となる. 一方, 体温が低下する環境では, 皮膚血管を収縮して血流量を減少させることにより環境への熱放散を抑制する. 皮膚血流量の減少によっても体温が低下する場合は, ふるえ（骨格筋の不随意な周期的収縮）による熱産生で代謝による熱産生の不足を補う. 褐色脂肪組織は寒冷時に非ふるえ熱産生を行う特殊な臓器である. これまでヒトでは新生児のみに存在するとされていたが, 成人でも活性化した褐色脂肪組織の存在が明らかになっている. これらの体温調節反応は自律神経に支配されているため意識的に調節することができない不随意の反応である.

行動性体温調節は意識的な行動により熱産生と熱放散を調節して体温を維持する. 冬に温かい食事を摂る, 夏の午睡などは熱産生を調節して体温を維持する方法である. 寒さを覚えれば日向へ, 日差しが厳しければ日陰へと移動する, 休暇中の避暑や避寒などは適した温熱環境への移動により熱放散を調節して体温を維持する方法である. 移動ではなく衣服, 冷暖房設備, 建築により快適な温熱環境をつくることも行動性体温調節といえる. 行動性体温調節は「暑い」あるいは「寒い」という温熱環境の不快さが意識的な行動の動機となる.

●暑熱・寒冷順化

季節の移り変わりや気候帯の異なる場所への移住により周囲の温熱環境が変化すると, 新しい温熱環境に適応するように生理機能に変化が生じる. 周囲の温熱環境が暑くなる場合の適応（耐暑性向上）を暑熱順化, 寒くなる場合の適応（耐寒性向上）を寒冷順化という. 夏の暑さに慣れるような機能変化を短期暑熱順化といい, 数日から数週間の暑熱暴露で起こる. 短期暑熱順化すると発汗のタイミングは早くなり, 発汗量も増加する. 発汗により熱放散を促進することで耐暑性を向上させる. 初夏に急に気温が高くなると短期暑熱順化しておらず熱中症になりやすい. 夏がすぎると数日で短期暑熱順化は失われる. 熱帯地域に長期間居住すると長期暑熱順化が起こる. この場合, 発汗のタイミングは遅くなり, 発汗量も少なくなるが, 代謝量は低下し熱産生が少なくなる. そのため長期暑熱順化すると発汗による水分喪失を防ぎ, かつ耐暑性が向上する.

寒冷順化は機能変化から 3 つに分類される. 数週間の寒冷暴露の後, 代謝量（熱産生）が増大して耐寒性が向上する変化を代謝型寒冷順化という. また寒冷順化により非ふるえ熱産生の主要臓器である褐色脂肪組織が成人でも活動することが知られるようになった. 皮膚血管の収縮（皮膚温の低下）, 皮下脂肪の蓄積により体表面の熱抵抗を増大させ熱放散を抑える変化を断熱型寒冷順化という. 中等度の長期間寒冷暴露で起こるとされている. 寒冷環境で体温が 1℃ 程度低下しても, ふるえなどの熱産生反応を起こさない変化を低体温型寒冷順化という. 寒さや低体温に慣れると起こるとされている.

●熱的弱者（高齢者・乳幼児）

加齢に伴い自律性体温調節反応は減退する. 概して高齢者は暑熱環境では皮膚血管の拡張反応, 発汗の機能が低下する. そのため熱放散が不十分となり体温が上昇して熱中症となる危険性が高い. 寒冷環境では皮膚血管の収縮反応, ふるえによる熱産生反応の機能が低下し, 若年者に比べ高齢者は体温が低

下しやすく低体温症となる危険性が高い. また「暑い」,「寒い」といった温度感覚も加齢により感覚が鈍化するため行動性体温調節反応も低下する.

新生児も自律性体温調節により体温を維持するが, 成人に比べ未発達である. 皮膚血管運動による体温調節は能力が十分ではないため調節できる範囲は成人よりも狭い. 乳児期は, ふるえは効率が悪いため, 非ふるえ熱産生機構が発達している. 乳幼児は汗腺密度が高いため成人よりも発汗量が多く脱水症状を起こしやすい. そのため暑熱環境では適切な水分摂取が必要である. 乳幼児は行動性体温調節の動機となる「暑い」,「寒い」といった感覚を言語により伝達することは困難である. 加えて, 自らが衣服や室温を調節することも難しい. 高齢者, 乳幼児ともに状況によっては体温調節に関して支援が必要となる.

●ヒートショック

日本医師会[1] によると, ヒートショックは急激な温度の変化で身体がダメージを受けることである. 低断熱住宅で冬季に脱衣室・浴室, トイレなどの非居室に暖房設備が設置されていない場合, 暖房された居室との温度差は大きくなり, 非居室はヒートショックの発生しやすい場所となる. 冬季の入浴時は, 居室から移動して脱衣, その後の入浴により血圧が乱高下を繰り返す. これが原因で心筋梗塞や脳卒中になり亡くなることもある. 冬季の排泄時も脱衣, 息みによる血圧上昇, 排便による血圧降下が起こるため心臓への負担は大きい. 特に高齢者や高血圧などの症状のある人はヒートショック対策が必要となる. 〔石井　仁〕

2）温熱要素

●温熱6要素

気温が高ければ人は暑く感じ, 低ければ寒く感じる. 気温が高くて, さらに湿度も高いと蒸し暑く感じる. 風が強く吹けば涼しく感じ, 屋外で日射が照射すれば暑く感じる. また, 同じ環境であっても, 激しい運動をすれば代謝量が上昇し暑く感じるが, 着衣を脱げば暑さは緩和される.

このように, 人の暑さ寒さの感覚は, ある1つの要素で決まるのではなく, ①気温, ②湿度, ③風速, ④熱放射（平均放射温度）, ⑤代謝量, ⑥着衣量が影響し総合的に決まるのである. この6つの要素を温熱6要素という. 後述する温熱指標は, これらのいくつかを, あるいはすべてを考慮して1つの数値を導き, その温熱環境を評価するものである.

●パッシブデザイン

温熱6要素を調整し, 熱的な快適性を得る方法には2つの手法がある. 1つは, 空調設備などの機械設備を使わずに, 地域の気候風土に合わせた建築自体のデザインによって熱・光・空気の流れを制御し, 快適な室内環境を得る設計手法であり, パッシブデザイン（建築的手法）という. 一方, 冷暖房機器や照明等を効率的に組み合わせることによって, 快適な室内環境を得る設計手法をアクティブデザイン（機械的手法）という.

実際の建築デザインでは, まず建物形態, 断熱・蓄熱, 庇などのパッシブデザイン（建築的手法）により, 室内環境を快適範囲に近づける設計を行う. そのうえで足りない部分に対して, 冷暖房機器などを用いてアクティブデザイン（機械的手法）により補うことが肝要である. 図2.4.1にパッシブデザインの考え方を示す[2]. このとき, エネルギーを使用

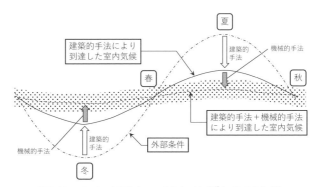

図 2.4.1　パッシブデザインの考え方（文献[2] に基づき作成）

表 2.4.1 伝統民家における環境調節の工夫・効果と現代的適用[3]

部位	民家の工夫	機能・効果	現代的適用
建物周辺	防風林 庭木	季節風対策，冷熱源 照り返し防止，風の偏向・誘引 日射遮蔽	植栽
	立地選択	季節風対策，日射取得	敷地選択
屋根	急勾配の屋根	日射を大面積で受ける 夏季夜間の放射面積大	屋根・天井の断熱強化
	茅葺屋根 素焼き瓦屋根	雨水吸水による蒸発冷却	屋根緑化
	置き屋根	屋根裏外気自然排熱	屋根通気工法
	煙出し，腰屋根	排煙，垂直方向の通風	腰屋根
外壁	白色の漆喰壁	日射を反射 夜間の長波長放射	白色の外壁
	土壁	吸放湿による調湿	土壁
		大きな熱容量	コンクリート，煉瓦
	板壁	吸放湿性	板壁
		壁体内の水分放湿	透湿防水シート
床	畳	即効吸放湿	畳
		接触冷感　温感	
	板床	接触冷感　温感	無垢材フローリング
	簀子床	床下冷気	床面換気口
	土間	吸放湿	土間
開口部	雨戸	防雨，防犯，断熱	雨戸，シャッター
	障子	拡散光，断熱	障子，カーテン
	高窓	熱気排出，採光	高窓，天窓
日除け	南面の庇	冬季のダイレクトゲイン， 夏季の日射遮蔽	庇，バルコニー
	すだれ，よしず		よしず，すだれ，オーニング 外付けスクリーン
	格子	日除け，通風，防犯	格子，採風シャッター
用いることのできる 現代技術・素材		ダイレクトゲイン 断熱 気密	透明ガラス，高機能ガラス 断熱技術，断熱材 気密技術，気密素材

しないパッシブデザインの分担をアクティブデザインよりも大きくすることによって，エネルギー消費が少ない，環境への負荷が小さい建築を実現できる．

各地の気候風土に適応したパッシブデザインは，その地の伝統的な民家のデザインに見ることができる．民家のデザインに応用されている環境調節の工夫や効果は，決して古臭いものではなく現代の建築デザインに大いに適用できる．表 2.4.1 に伝統民家における環境調節の工夫・効果と現代的適用を示す[3]．　　　　　　　　　　〔渡邊慎一〕

3）　体感温度指標・温熱指標

体内での熱産生量と周囲環境への熱放散量が平衡を保つことができれば体温は一定となる．熱産生量が最小，かつ皮膚血管運動により体温が一定に保たれている状態を熱的中立という．熱産生量と熱放散量との関係を式で表したものを人体の熱平衡式といい，温熱 6 要素は変数あるいは係数として関与する．気温など単一の温熱要素よりも複数の要素を用いた指標は，より体感に近い温熱環境の評価を行うことができる．そのため温熱 6 要素すべてを考慮した人体の熱平衡式に基づく指標が最も望ましい．PMVと SET*は，その代表的な体感温度指標・温熱指標

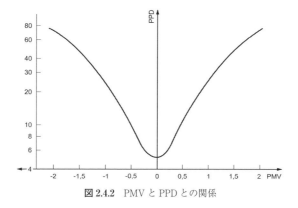

図 2.4.2 PMV と PPD との関係

である．

● PMV（予測平均温冷感申告）

PMV（predicted mean vote：予測平均温冷感申告）は，多数の人の平均的な温冷感を 7 段階の尺度（−3：寒い〜＋3：暑い）で予測評価する指標である．1970 年にファンガー（P. O. Fanger）により提案された．快適方程式（快適な環境における人体の熱平衡式）からの熱量の偏差を熱負荷と定義し，温冷感はこの熱負荷と代謝量の関数であるとして，PMV は算出される．さらにファンガーは，温熱環境に対して不満足に感じている人数割合 PPD（predicted percentage of dissatisfied：予測不満足率）を提案している．PPD は PMV から算出される．PMV と PPD は ISO に快適な温熱環境の評価指標（ISO 7730）として採用されている．図 2.4.2 に PMV と PPD の関係を示す[4]．ISO 7730 では −0.5＜PMV＜0.5，（PPD＜10％）を推奨域としている．また，適用範囲を −2＜PMV＜2 としている．

● SET*（標準有効温度）

SET*（standard effective temperature：標準有効温度）は，任意の温熱 6 要素から体温調節モデルと人体の熱平衡式により算出される仮想環境の気温（体感温度指標）である．1972 年にギャッギ（A. P. Gagge）らにより提案された．仮想環境では気温以外の温熱 6 要素は，相対湿度 50％，風速 0.1 m/s 以下，平均放射温度は気温と等温，代謝量 1.0 met，着衣量 0.6 clo としている．SET*は温熱 6 要素が異なる環境を温度の尺度で直接比較，評価することができ，暑熱環境から寒冷環境まで適用可能である．SET*は ASHRAE（米国暖房冷凍空調学会）の基準（ANSI/ASHRAE standard 55）に採用されている．この基準は ANSI（米国国家規格協会）により国家規格に認定されている．熱的中立の SET*は，およそ 22〜26℃ である．

●局所不快感

不均一な温熱環境により身体の一部が意図せず加熱あるいは冷却されて身体局所に熱的な不快さを感じることがある．これを局所不快感という．PMV や SET*は全身の温熱指標であるため，局所不快感を適切に評価できない．そのため ISO 7730 は局所不快感の対策として不均一な温熱環境の上限値を設定している．頭付近の気温が高く，足下の気温が低いと不快さを感じる．上下気温差は小さいことが望ましく，ISO では上下気温差を 3℃ 未満とすることを推奨している．夏の日射により高温となった天井面や冬の冷たい窓面などがあると局所不快感を感じる．これは不均一な熱放射が原因である．ISO では熱い天井と冷たい壁面の平均放射温度の差をそれぞれ 5℃ 未満，10℃ 未満とすることを推奨している．この 2 つの面は熱放射の不均一さがわずかでも不快さを感じやすい．断熱が不十分な建築物や暖房設備に不備があると不均一な温熱環境となり局所不快感が生じやすくなる．　　　　　　　〔石井　仁〕

4）リスク回避の熱デザイン

●熱中症

熱中症とは，暑熱が原因となって発症する暑熱障害の総称である．消防庁によると，毎年，全国で 4 万人をこえる人々が，熱中症が原因で救急搬送され，2018 年にはこれまで最多の 92,710 人を記録した．このように熱中症は社会的に大きな問題であるといえよう．2020 年に熱中症により救急搬送された人の年齢を見ると，65 歳以上の高齢者の割合が最も高く 57.9％であり，次いで成人（18 歳以上 65

表 2.4.2 日常生活における熱中症予防指針[5]

WBGT による 温度基準域	注意すべき 生活活動の目安	注意事項
危険 31℃ 以上	すべての生活活動で おこる危険性	高齢者においては安静状態でも発生する危険性が大きい. 外出はなるべく避け, 涼しい室内に移動する.
厳重警戒 28℃ 以上 31℃ 未満		外出時は炎天下を避け, 室内では室温の上昇に注意する.
警戒 25C 以上 28℃ 未満	中等度以上の生活活 動でおこる危険性	運動や激しい作業をする際は定期的に充分に休息を取り入れる.
注意 25℃ 未満	強い生活活動でおこ る危険性	一般に危険性は少ないが激しい運動や重労働時には発生する危険性がある.

歳未満) が 33.5%, 少年 (7 歳以上 18 歳未満) が 8.1% であった. 高齢者の割合が半数をこえている. また, 発生場所は住居が最も多く 43.4% であり, 次いで道路が 17.4%, 仕事場 (道路工事現場, 工場, 作業場等) が 10.9%, 公衆 (屋外) が 9.4% であった. このように, 熱中症は屋外だけでなく, 室内でも多く発生していることを認識すべきである.

● WBGT (湿球黒球温度)

WBGT (wet-bulb globe temperature：湿球黒球温度) は, 1954 年に米国海兵隊が暑熱環境における軍事訓練の熱的なリスクを評価するために開発した指標である. その後, ISO や JIS に採用され, 現在では労働環境, スポーツ環境, 日常生活環境などにおける暑熱環境の評価に用いられている. 一般に暑さ指数ともよばれている. WBGT は, 自然湿球温度 t_{nw} [℃], 黒球温度 t_g [℃], 気温 t_a [℃] から, 以下の式で算出される.

日射がある場合：

$$WBGT = 0.7t_{nw} + 0.2t_g + 0.1t_a$$

日射がない場合：

$$WBGT = 0.7t_{nw} + 0.3t_g$$

これらの式で求められた, あるいは測定器で測定された WBGT 値は, 日常生活に対しては「日常生活における熱中症予防指針」[5] (表 2.4.2), スポーツ環境に対しては「熱中症予防運動指針」と照らし合わせて, その環境の熱中症リスクを評価し, 対策を講じる必要がある.

● UTCI

UTCI (Universal Thermal Climate Index)[6] は, 2000 年に国際生気象学会によって, 室内および屋外の寒冷から暑熱に至る幅広い温熱環境を評価できる指標として, 人体温熱生理モデルに基づいて開発

表 2.4.3 UTCI の熱ストレス評価カテゴリ

UTCI [℃]	熱ストレス評価カテゴリ
46〜	極度の熱ストレス
38〜46	非常に強い熱ストレス
32〜38	強い熱ストレス
26〜32	中程度の熱ストレス
9〜26	熱ストレスがない
0〜9	やや寒冷ストレス
−13〜0	中程度の寒冷ストレス
−27〜−13	強い寒冷ストレス
−40〜−27	非常に強い寒冷ストレス
〜−40	極度の寒冷ストレス

された. この指標は, 気温, 湿度, 風速, 平均放射温度 (短波長放射を含む) で与えられる実環境と等しい生理負荷となる参照条件における気温と定義される. 参照条件は, 相対湿度 50%, 静穏気流, 平均放射温度＝気温, 代謝量 2.3 Met (4 km/h の歩行) である. 着衣量は気温から推定するモデルが組み込まれている. 表 2.4.3 に UTCI の熱ストレス評価カテゴリを示す.

上述したように WBGT は暑熱環境および熱中症リスクの評価に用いられ, UTCI は室内および屋外の寒冷環境から暑熱環境の幅広い熱環境の評価に用いられる.

●熱中症予防の工夫・デザイン

日常生活において熱中症を予防するためには, 行動・住まい・衣服の観点から暑さを避ける工夫をすることが重要である.

行動の工夫には, 暑い日は決して無理をせず適宜休憩する, 日陰を選んで歩く, 涼しい場所に避難することなどがある.

住まいの工夫には, 窓を開けることによる風通しの利用, 窓から入射する日射の遮蔽, 屋根や外壁の

表 2.4.4　各種日除け構造物の暑熱緩和効果[7]

日除け構造物	建築物	パーゴラ	樹木	テント	オーニング	日傘
体感温度低減効果 ΔUTCI [℃]	−12.7	−10.6	−5.8	−3.9	−4.9	−3.7 （ラミネート加工・白色）
暑さ指数低減効果 ΔWBGT [℃]	−4.5	−3.6	−3.8	−2.6	−3.3	−2.9（最大） −1.8（平均） （ラミネート加工・茶色）
備考	直線回帰し，日射量 1,000 W/m² における値を算出（外挿値）		直線回帰し，日射量 1,000 W/m² における値を算出			日射量 800 W/m² 以上の平均値

高断熱化や高反射率の屋根素材の利用による断熱，エアコンや扇風機の利用などがある．

　衣服の工夫では，ゆったりした衣服で襟元をゆるめ，身体の表面と衣服の間に風を通し，身体から出る熱や汗を速やかに放出することが重要となる．また，炎天下では日射や熱放射を吸収する黒色系の衣服素材を避けることも重要である．さらに，日傘や帽子の使用も推奨されている．

　都市空間の計画においては，日射遮蔽が重要である．表 2.4.4 に各種日除け構造物の暑熱緩和効果を示す[6]．建物陰の暑熱緩和効果が最も大きいが，建物以外も暑熱緩和の効果が認められる．したがって，これからの街づくりには，熱中症予防の観点から日陰が連続するデザインが求められるのである．しかし，建物や樹木などは，当然のことながら地面に固定されているため，季節や時刻によって日陰の位置が大きく変化し，必要な時間・空間に日陰が提供されるとは限らない．そのような場合には，簡易で持ち運びが可能な日傘などを利用し，常に日陰を選択できるように補完することが望ましい．都市における日陰は，単に熱中症予防に貢献するだけでなく，人々が集う場ともなり，街のにぎわいの創出にも貢献するのである．　　　　　　　〔渡邊慎一〕

5）温熱心理
●接触か非接触か
　ものに触れたときの温度感覚は「熱い・冷たい」と表現される．ものに触れるというと「鍋が熱い」「水が冷たい」のように固体・液体を思い浮かべるが，「風が冷たい」のように気体にも用いる．重要なのは接触を伴う感覚だという点である．「熱い鍋」

「冷たい水・風」のように物質を修飾する場合，その物質の温度の状態を表す．さらに「顔が熱い」「足が冷たい」のように身体の温度の場合にも用いる．

　対して「暑い・寒い」は，温熱環境全体に対する総合的な感覚であり，またそう感じさせる場の状態のことである．どの辞書でも気温の高低の感覚と説明されるが，気温が低くても，日差しが強いときや運動時などには暑いと感じるように，温熱6要素すべてに影響されるため，気温に限られる訳ではない．「この部屋は暑い」「今朝（今年の冬）は寒い」や，「暑い部屋」「寒い朝（冬）」のように用いる．部屋といっても，壁や床，部屋を満たす空気といった個々の物質なら「熱い」であるが，ここでは空間全体の温熱状態をさしているので「暑い」が正しい．朝や冬も物質ではなく時節である．つまり，そのときの場全体の性質が「暑い・寒い」のである．

　そのため，「鍋が暑い」「寒い水」「熱い部屋」「冷たい冬」のように，「熱い・冷たい」と「暑い・寒い」を互いに置き換えることはできない．ただし，排他的な感覚というわけではなく，同時に生じうる．環境と身体が熱的に平衡であれば，病気の場合を除いて，気温が高ければ皮膚温は高く，気温が低ければ皮膚温は低いので，身体が熱くて暑い，身体が冷たくて寒いと感じる．つまり熱い感覚と暑い感覚，冷たい感覚と寒い感覚が重なっていることになる．したがって，身体の一部が主語のときには「顔が寒い」のような表現も見かける．

●快か不快か
　「暖かい・涼しい」は「暑い・寒い」よりも温度の高低がほどよいときの感覚である．単に程度の違いだけでなく，快・不快のニュアンスも異なる．「暑

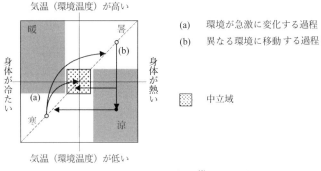

図 2.4.3 二次元温冷感モデル（文献[10] に基づき作成）

い・寒い」ときには，発汗やふるえを伴うこともあり心身ともに負荷が大きいので，「不快」の意味合いが含まれる．対照的に，熱的中立に近く「暖かい・涼しい」ときには，同時に心地よいとも感じている．

「温かい」は「熱い」と同じように，接触を伴う温度の感覚であるが，「熱い」よりも温度の高さがほどよく，快のニュアンスを含む．すなわち，「熱い」と「温かい」は「暑い」と「暖かい」と同様の関係である．一方，接触温度が低いと感じるときには，その程度による語の使い分けがなく「冷たい」だけである．したがって「冷たい」は「熱い」「温かい」双方の対義語として，ほどよい低温から著しい低温までをさす．快・不快のニュアンスも，「床が冷たくて気持ちいい」「手足が冷たくて辛い」のように，どちらの場合でも使われる．

●**対義的関係**

「暑い」と「寒い」，「暖かい」と「涼しい」は，互いに対義語の関係にある．これは，熱的中立を基点とする温度の高低の程度が対称的だからである．一方，「涼しい」は暑い中での相対的な低温，「暖かい」は寒い中での相対的な高温を感じたときに使われる．身を置いている状況が快なのか不快なのかという意味では「涼しい」と「暑い」，「暖かい」と「寒い」は反対の関係にあり，辞書によってはこれらを対義語としているものもある．

通常，「暑い」と「寒い」，「暖かい」と「涼しい」は同時に生じない．しかし，寺田寅彦[7] が「暑さと涼しさとは互いに排他的な感覚でなくて共存的な感覚」と述べているように，「暑い」と「涼しい」，「寒い」と「暖かい」は，同じ時間や空間の中で生じる点に特徴がある．

なお，寺田[9] は「涼しさは瞬間の感覚」とも述べている．すなわち，「涼しい」は暑さ，「暖かい」は寒さによる不快から解放されたひとときの感覚であり，長続きしない．いわゆる積極的快適であり，暑くも寒くもない消極的快適とは区別される．

●**二次元温冷感モデルと温冷感の時間変化**

こうした寒暑涼暖の特性を説明するため，久野[10] は二次元温冷感モデルを提唱している（図 2.4.3）．そのときの身体と環境の状態が図上の点で表され，上に行くほど気温（環境温度）が高く，下に行くほど低い状態，右は身体が熱く，左は冷たい状態である．対角の破線は環境と身体が熱平衡状態をさし，図上の点は，環境が変化しない限り，破線に近づくように移動しやがて線上に乗る．

詳細は文献[10] に譲り一例のみあげると，身体が冷たく「寒い」状態から急激に環境温度が上昇した場合，身体は遅れて反応し，やがてその環境で熱平衡に達する．そのため，「寒い」から「暖かい」を経て，「暑い」または熱的中立に至る．しかし，環境の変化なしに体温が熱平衡状態から離れることはないので，「寒い」から「涼しい」へは変化しない．急激に環境温度が下降した場合も同様で，「暑い」から「暖かい」へは変化しない．　〔長野和雄〕

2.5 空気環境

1) 空気と人間

　およそ空気は「空気のような」ものではなく，われわれ人間の生存と健康で快適な生活にとってなくてはならぬものである．しかし歴史的には，この空気の重要性が認識されるまでには多くの犠牲が払われてきた．20世紀後半の高度成長期には，工業の発達と自動車の普及が原因となってそれまで無尽蔵だと思われていた大気が様々な汚染物質によって汚染され，人体に重大な健康障害を与えることが明らかになった．有名な事件としては，1952年12月英国で1万人以上もの死者を出したロンドンスモッグ，日本では1960年代にコンビナートから排出される硫黄酸化物が原因となって生じた四日市ぜんそくなどがあげられよう．これらの事件後，公害対策が国をあげて取り組まれ，日本では1967年に公害対策基本法，翌1968年には大気汚染防止法が制定された．その後環境庁（現在の環境省）が設置され公害対策が進められた結果，大気汚染に原因する古典的な公害問題は影を潜めたが，現在はベンゼン，トリクロロエチレン，テトラクロロエチレンなど低濃度の長期暴露で発ガンのおそれがある有害大気汚染物質が問題となっており，地球温暖化をもたらす二酸化炭素問題を含め，大気汚染問題は現在も解決すべき多くの問題をかかえている．

　一方で，室内の一般環境の空気質に対するわが国で初めての法規制が，昭和45（1970）年制定の「建築物における衛生的環境の確保に関する法律」（略称：建築物衛生法）であり，空気環境については，浮遊粉塵，一酸化炭素，二酸化炭素，温度，相対湿度，気流（後にホルムアルデヒドが加わる）に対して管理基準値が定められ，対象となる特定建築物では空気環境が管理されることとなる（それまで，室内の空気質は建築基準法に定められる換気に有効な開口部や換気装置による換気量により間接的に担保されていた）．

　管理される項目は多くはないが，室内の空気環境については，工場などの産業労働環境や燃焼器具が存在する室を除けば主要な空気汚染物質発生源は人間であることから，人体から発散する体臭（二酸化炭素が指標）や水蒸気，喫煙によるタバコ煙（浮遊粉塵や一酸化炭素が指標）などが想定されていた．

　しかし，1970年代のオイルショックを契機として，米国では空調用エネルギーの削減のために取り入れ外気量（換気量）が削減され，建物内の在室者が様々な身体の不調を訴えるという問題が生じた．これがいわゆるシックビル症候群（SBS：sick building syndrome）であり，換気量不足に伴って顕在化した，建材由来の化学物質（VOC：volatile organic compounds，揮発性有機化合物）がその主たる原因と考えられた．建物自身が室内空気汚染を生じさせているということが判明し，換気の対象となる汚染質の発生源が「人間」から「人間＋建物」へと大きく変わることになるのである．

　幸い，日本では先に述べた建築物衛生法が存在していたために，規制を受ける特定建築物では換気量が削減されることはなく，シックビル症候群は問題とならなかったが，換気量の規制がなく，自然換気に頼っていた住宅において，新建材から発生する化学物質が原因で1990年代にシックハウス問題が起こる．新築住宅内において深刻な化学物質過敏症を発症し，日常生活に支障を来すほどの健康被害を被る人もいた．そのため，2002年建築基準法が改正され（2003年施行），建材から発生する代表的化学物質であるホルムアルデヒドの濃度低減のための機械換気設備の設置義務化や建材の等級化・使用面積制限などが法令化されるに至る．

　また，2019年に発生し，瞬く間に世界中に広がった新型コロナウイルス感染症（COVID-19）により，感染症の感染に対して空気の流れが関係していること，特に人の飛沫核に含まれるウイルスの伝搬防止に換気が効果的であることが注目され，換気の重要性に対する人々の意識が高くなった．

　以上のように，空気はわれわれ人間にとって最も身近で重要な媒体である．ところで，人間社会における多くの問題は，予測できたとしても被害が起きない限り対策は施されず，多くが後手にまわる．空気汚染と健康に関する過去の貴重な経験は，今後の教訓といえる．2000年WHO（世界保健機関）は「すべての人は清浄な室内空気を呼吸する権利を有する．」（"The Right to Healthy Indoor Air"，健康な室内空気に対する権利）と宣言しており，その理念

は今後もすべての国で生かされなければならない.

しかし空気環境は, 空気中に含まれる汚染物質の観点だけで語ることはできない. 換気・通風は室内に空気の流れを形成し, 室内の空気の流れは在室者に気流感として影響を与える. 気流感は, 風のもつ圧力により知覚されるが, 季節によっては, 風によって運ばれる空気の温度の違いや皮膚表面での水分蒸散量や対流熱伝達量の変化により知覚される. たとえば, 室内が蒸し暑いとき, 窓開けにより涼しい外気が室内に流れ込んだ場合に, 皮膚表面での汗の蒸発や室内より低温の外気による冷却により, 人は涼しさを感じ, 気流感を温冷感の変化とともに知覚する. また, たとえば自然風の場合には, 風のゆらぎや室内との温度差により, 自然の心地よさを感じることも多い. 一方, 空気中に含まれる揮発性・化学反応性に富む比較的低分子の有機化合物は, 臭気となり, 人の嗅覚を通して知覚される. いわゆる「におい」である. 「におい」は時には「悪臭」となり, 不快感の原因となるが, におい物質のうちあるものは「香り」とよばれて嗜好される. 「におい」は人にとって空気質を知覚する重要な感覚であり, においに基づいてわれわれは空気の良し悪しや引いては食品の安全性を検知することができる. このように空気中に混在している様々なガス状物質は, 健康のみならず, 室内の快適性にも大きく関係している.

また近年では, 働き方改革やウェルネス(wellness)の観点から, 空気環境と知的生産性(workplace productivity)との関係も注目されており, 建築設計における空気環境の位置づけはますます重要なものとなっている.

本節は, 以上のような空気環境と人との様々なかかわりについて解説するものであり, 空気に対する

理解を深めて頂ければと願う.　　　　〔山中俊夫〕

2)　快適の心理生理：知覚を通した評価

図 2.5.1 は生活環境における空気と人の快・不快の関係の概観である. 空気環境には, 気流と空気質の 2 つの要素がある.

温熱環境に数多くある指標のように, 複数の機器測定値から精度よく人の快・不快を知ることができれば便利だが, 空気環境ではそれが難しく, 人に刺激を当てて設問に回答させる官能評価を行うことが多い. 空間を利用する人にとっての空気環境の良し悪しを把握し予測することは重要だが, どんな場合に空気環境を良い悪いと感じるのだろうか. ここでは, 空気環境に関する人の感じ方について述べる.

●気　流

通風は換気による空気質の向上と, 風が直接体に当たることによる温熱環境改善を期待できるため, 有意義に活用したい手法である. 一方で, 冬の室内の窓際では冷たい風が床付近に流れて不快なコールドドラフトの経験をしたことがあるだろう. 夏のオフィスでは空調機からの冷風が直接体に当たることが不快とされるケースもよくあり, 室内の気流が不快評価を生む一面もある. 気流は温熱 4 要素の 1 つなので, 温熱環境にも影響を与えることに気をつけたい. そのため, 風速計で気流の速度を測るだけでは人の快適感を知ることは難しく, 温度, 湿度や周囲の壁面温度(放射)による暑さ寒さの影響を含めて活用を考えねばならない. つまり, 「風通しのよい住宅をつくったから住み手は年中を通して快適だろう」とはならず, 具体的にどの季節にどのような温湿度の気流を取り込むのかを考えて通風をデザインする必要がある.

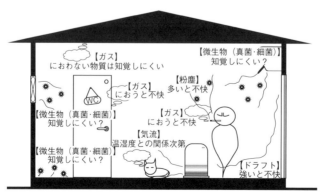

図 2.5.1　環境要素と快・不快評価の関係

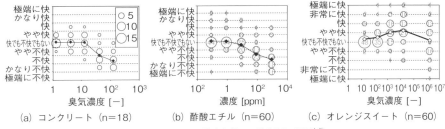

図 2.5.2　においの濃度と快・不快評価の関係[1-3)]

また，気流の快・不快を考える際には，様々な強さやムラがある気流を体のどこに当てるのか，またはコールドドラフトのように不快な気流が体のどこに当たることを避けるとよいのかも考慮する必要がある．そのため，室内の1点のみでの風速測定では在室者と気流の関係はわからないことが多い．まずは窓を開けた自室内のあちこちで，手作りの風速計（ペンの頭に非常に薄く割いたビニールひもを貼ったタフトがお薦めである）を用いて気流の強さや向きを可視化してみるとよい．空気は見えないため，上手く可視化しながら風と人との関係を体験し想像することが，デザインには欠かせない．

●空気質

休憩のために室外に出た後，締切った会議室に戻るとウッとなることがある．われわれの生活によって空気中に発される様々なガスや粉塵の濃度上昇は不健康や不快の原因となることが多い．

これまでの空気質環境では，建材から発生するHCHO（ホルムアルデヒド），VOC（揮発性有機化合物）によるシックビル症候群への対策や，オフィスフロアでの喫煙に伴うCOや粉塵への対策といった不健康や不快の改善を目的とすることが多かった．この場合には空気汚染物質の濃度を低くすることが必要なので，測定器を用いた環境計測と，発生源対策や換気の実施が重要となってきた．一方で，空気汚染物質の発生源や種類は多様なため，計測や環境評価は難しい側面もあった．ファンガーは，室内の様々な汚染源からの知覚汚染物質の発生量をolfという単位で表現できるとした．汚染物を知覚できる強度でまとめたわけである．1 olfは，熱的中立状態な座位の標準的な1人の人体からの生体発散物質放散量のことで，加算ができる．また，1 decipolは1 olfの放散がある室内が10 L/sの清浄空気で換気された場合の汚染度合であり，これも加算ができる．これらは空気汚染の度合を簡易に把握し対策を

打つための一手法である．

さて，近年ではアロマテラピーのように良い香りを活用することが多くなった．悪臭は高濃度を避けるべきで換気などで低濃度化することが対策であるが，良い香りは高い濃度でもよいのだろうか．

図 2.5.2 に，においの濃度と快・不快評価の例を示す．横軸がにおいの濃度に相当する値，縦軸がにおいの快・不快評価で，円の面積が度数を示す．(a)はコンクリートのにおい，(b)は高濃度では接着剤のようなにおいでいずれも悪臭とされる．濃度が高いほど不快側の平均評価となる．(c)のオレンジの市販精油では低〜中濃度で快側評価が多いが，高濃度では不快側の評価も多い．香水や柔軟剤のように一般的に良い香りでも，高濃度なにおいの利用は不快につながりやすいので注意したい．

●誰の快・不快？：個人差を考える

空気環境を人が評価する場合に快とするか不快とするかはその人次第，すなわち個人差が大きい．どうして大きいのか．理由の1つはセンサーの鋭さが人によって異なるから，たとえばにおい環境なら鼻が鋭いかどうかである．鼻が鋭ければにおいを強く感じ，強いにおいは不快と評価されやすい．もう1つ考えられる理由は，好みの形成過程が人によって異なるからで，一人一人が異なる人生を歩んでいれば好みも異なると容易に想像される．これら以外にも，個人差の種類や原因には様々なものがあり，4.6節に詳しいので参照されたい．一時期のオフィスでは，香り空調によってフロア全体に一律の香りを流すことが一部の執務者に不快感を与えたことが問題になった．現在は，より個人的な範囲での香り噴霧が技術的に可能になって，以前とは異なる形での香り活用も広がっているが，ホテルや店舗などで空間全体への噴霧が行われる場合もある．

ひと昔前の建築空間の空気環境では不快環境の改善が主であった．図 2.5.2(a)(b)のような不快臭で

は個人ごとの評価のばらつきは比較的小さいため，平均評価で環境を考えればほとんどの人が不快でない環境を実現することができた．一方で，これからの空気環境では，良い香りの活用が求められることが多くなるだろう．図2.5.2(c)のように人によって感じ方が大きく異なる香りをどのように扱うのか，よく考える必要がある．それは，平均評価だけではなく，「室使用者がこのような人だからこんな評価がされそうだ」などを考えたデザインが要求されるということである．また，環境評価の実験を行う人であれば，評価者をスクリーニング（評価者として一般的な感覚をもっているかなどをテストして合格者だけを実験に採用する作業）することが多いが，実環境ではスクリーニングで除かれる人もその空間にいるかもしれない．このように，実験目的と実環境の状況を考えたうえで，個々の評価にも注意を配る実験計画や分析を心掛けたい．

空気環境に限らないが，快・不快評価と環境の関係は大変複雑で，全員が好む環境をつくることはきわめて難しい．たとえば，日本建築学会の室内臭気に関する環境基準[15]，すなわち個人差が比較的小さい不快臭の基準でも，基準値をおおむね非容認率20%（受け入れられない人の割合）としていて，在室者の中で環境を受け入れられない人が20%いることは許容範囲内としている．この考え方は海外の学会や規準の指標に準じていて，世界的にも一般的な考え方といえる．　　　　　　　　　〔竹村明久〕

3) 健康・知的生産性：人体生理の科学

人間は1回の呼吸で約0.5 L，1日に約11,000 Lの空気を体内に取り込む．質量に換算すると，1日に摂取する飲食物の約4倍の量であり，空気環境が人体に与える影響は非常に大きい．現代の人々は一日の約80〜90%の時間を室内ですごしているため，人体に取り込まれる空気の大部分は，職場や学校，自宅などの室内生活空間の空気である．また空気汚染物質に影響を受けやすい幼児や高齢者および入院患者は，より長い時間を室内ですごしており，室内空気の安全性を確保することはきわめて重要である．空気汚染物質は，人体に与える生理的影響に加え，知覚により心理状態にも影響を及ぼす．このような心理・生理反応の変化は，学習空間であれば学習効率に，オフィスや工場など経済活動の場では，

作業効率に起因する生産性に影響を与える．清浄かつ快適な室内の空気環境を創出することは，健康（wellness）だけでなく，生産的な活動を行ううえでも重要な課題であるといえる．

●室内空気環境と健康

空気汚染で想起される代表的なものとして，工場や車からの排気ガス，PM2.5などの大気汚染があげられる．しかしながら，室内の空気汚染物質濃度は屋外の空気よりも数倍高い場合もあり，室内空間に存在している建材や家具，人間も室内の空気の主要な汚染源である．また室内空気汚染物質に長期的に繰り返し暴露されると，呼吸器系および循環器系の疾患や癌のリスクが高まることが報告されている．

暖房または調理時に石炭や薪，木炭などの固体燃料を使用していた時代は，燃焼時に発生する有害物質による家庭内空気汚染が人々のおもな死亡原因の1つであった．WHOによると現在も未だ20億人以上の人が固体燃料により調理を行っており，毎年400万人近くの人が肺炎，脳卒中，心疾患などにより命を落としている．

1970年代に欧米を中心に社会問題となったシックビル症候群では，オフィスビルに勤務する多くの人々がめまい，吐き気，粘膜や皮膚の乾燥感など，身体の不調を訴えた．また，1990年代後半に日本で問題となったシックハウス症候群でも，多くの新築や改築後の住宅において，居住者が健康被害を被る結果となった．その後，2003年の建築基準法の改正による建築材料の使用制限と機械換気設備の設置義務化により，現在は状況が改善されている．

図2.5.3は，有害物質に関する代表的な量-反応モデルである．図からわかるとおり，多くの化学物質は，ある量（閾値）以下であれば暴露されても健康に影響が見られないため，閾値を参考としてその基準値が決められている．しかし，同じ室内で，同じ

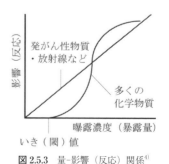

図2.5.3 量-影響（反応）関係[4]

量の空気汚染物質に暴露されても，何も感じない人もいれば，極少量の化学物質にも身体の不調を感じる化学物質過敏症の人がいるなど，空気環境に対する生体反応には個体差がある．基準値は集団における反応を想定し決めた数値であるため，利用者の属性にも個別に配慮する必要がある．

社会が建物を利用する人のウェルネスを重要視するようになり，「健康に悪影響を及ぼさない室内環境」ではなく，「心身の健康に良い室内環境」を提供する流れに変化してきている．1947年に採択されたWHO憲章では，「健康」の定義を「肉体的，精神的，及び社会的にも完全に良好な状態であり，単に疾病のない状態や病弱でないことではない」としている．一方，ウェルネス（wellness）は，1961年米国のハルバート・ダン医師により「輝くように生き生きしている状態」と最初に定義されたものであり，現在は健康をさらに発展的に捉えた概念として使用されている．2014年米国では，人のウェルネスの視点で建物を評価するWELL認証（WELL Building Standard^{TM}）[5]がはじまり，日本でも認証を取得した建物が増えている．空気環境の評価では粒子状物質，有機ガスなどの汚染物質の基準値が示されており，効率的な換気を行うことが必須項目となっている．

室内の空気質を清浄に保つためには，汚染物質の発生を抑制することも重要であるが，新鮮な空気を供給し，汚染された空気を排出する「換気」が必要である．2020年から世界的に急速に感染拡大した新型コロナウイルス（COVID-19）についても，換気が悪い場所では集団感染（クラスター）の発生リスクがきわめて高くなることから，換気の重要性があらためて注目された．

空気中の汚染物質だけではなく，空気の流れ，つまり気流も人体に影響を及ぼす．適度な気流は熱的快適性を向上させるが，速度が大きく，温度が不均一な気流やドラフトは，不快感を与えるだけでなく，頭痛を引き起こすなど，健康にも悪い影響を与える．人が心地よく感じる快適な空気の流れを作ることも重要であるといえる．

●室内空気環境と知的生産性

知的生産性は職場環境，モチベーション，個人特性など様々な要素に影響される．室内環境も知的生産性に影響を及ぼす重要な要因の1つであり，室内環境が作業効率など個人のパフォーマンスに与える影響については1980年頃から活発な研究が行われてきた．室内空気環境は知的生産性に最も大きい影響を及ぼす環境要素の1つであり，初期の研究では，在室者の心身がストレスを感じ，知的生産性低下につながる環境要因の探索に焦点が当てられた．換気量不足，高いCO_2濃度，VOCなどの化学物質の存在がその代表的な例である．換気量が少ないオフィスでは，病気欠勤が増加するというデータが示され，換気量が少ないことによる空気質の低下が生産性の低下と関連していることが明らかになった．図2.5.4は，換気量と事務作業効率の関係を調べた複数の研究結果から，基準換気量6.5 L/(s·人)における作業効率を1とした場合，換気量の増加が作業効率をどの程度向上させるかを算定したものである．現在日本における換気量の基準は30 m³/h（約8.3 L/(s·人)）であるが，この図から，換気量を増やすことで知的生産性が向上する可能性が示唆される．また，図2.5.5は，模擬事務作業を行う被験者を用いた研究結果に基づき，空気質に対する不満足者率と作業効率の関係を示したものである．不満足者率が増加すると，作業効率が減少しており，不快な空気質が知的生産性の低下を引き起こすことがわかる．

2014年，世界グリーンビルディング協会により，オフィスの運用コストの約1%がエネルギー費用であることに対し，人件費の割合が約90%であることが報告され，社会が省エネルギーよりも健康と知的生産性を重視する動きに変わった．一方，働き方

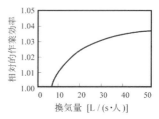

図 2.5.4 換気量と作業効率[6]

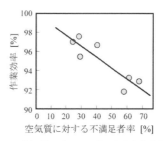

図 2.5.5 空気質に対する不満足者率と作業効率[7]

の多様化に伴い, 室内においても多様な環境を提供することが求められるようになった. なかでも, ウェルネスに配慮した空間を実現するために, 在室者の行動や心理・生理反応を考慮したインタラクティブな環境制御が検討されている. 空気環境においても, 気流の変動, 香りの付加など考慮される環境要素が多様化している.　　　　　　　　　　〔崔　ナレ〕

4)　空気を操る環境デザイン
●自然の風を感じる心地よさ

気流が人体の温熱的快適性に影響を与えることは先に述べたとおりだが, 室内外を問わず自然の風を感じる心地よさは誰しも経験したことがあるだろう. 自然との親和は時代をこえて日本文化の大切な特徴である. それが端的に表現されているものとして, 夕顔棚のもとで涼をとる家族を描いた江戸時代の屏風絵を示す (図 2.5.6). 人は自然と切り離された存在になりえないことを考えると, 人にとって自らが自然の一部であることを実感すること, そのような環境ですごすことが, なにものにも代えがたい豊かさである. 本節では, 自然の外気に着目し, 人が外気の心地よさを感じることを狙いとした現代の空気環境デザインについて, 実例をあげつつ論述する.

●外気利用の 2 つの方法

自然の心地よさを建築空間に採り入れる手法として, 自然採光や自然換気により屋外の自然環境を室内に採り入れる手法と, 屋外や半屋外空間に人が滞在することにより直接的に自然環境を享受するもの

が考えられる. 本項では, このうち自然換気による外気利用と, 屋外・半屋外空間の積極的利用による外気利用に注目する. いずれも, 利用者にとっての自然の心地よさを体感できることに加え, 省エネルギー・省 CO_2 の効果が期待できる.

●自然換気による外気利用

自然換気には, 利用者自らが窓の開閉操作を行うものから, 各種センサーと連動した駆動装置により自動的に換気口の開閉操作を行うものまである. いずれも春や秋といった中間期に新鮮な涼風を感じながら屋内ですごすことができると同時に, 空調エネルギーの削減による省エネルギー・省 CO_2 の効果が期待できる. 一例として, 大学校舎に導入された階段室型ウインドチムニーによる自然換気システムを紹介する (図 2.5.7, 図 2.5.8)[8]. 利用者自らが外気の温湿度から判断して窓を開閉し, 自然換気を行う点がこのシステムの特徴である. また, センサーなどの電気的仕組みや, 自動開閉装置などの機械的な仕組みはなく, 建物の基本骨格の工夫で成立しているシステムである. 自然換気ルートの建具は, 換気量を調整しやすいよう開閉形式に工夫をしている (図 2.5.9).

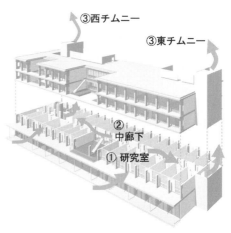

図 2.5.7　自然換気システムの概要
①利用者が自ら引戸形式の窓を開け, 外気を室内に引き入れる.
②扉と欄間ともに引き戸形式としており, 室内の空気を廊下へ排気する. 廊下は東西チムニーの誘因効果で負圧となっており, 室内からの排気を促進する
③東西の階段室型チムニーの煙突効果とチムニートップの誘因効果により排気.

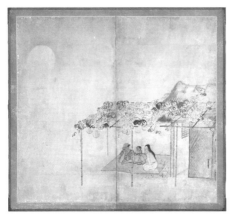

図 2.5.6　自然を愛し親和する親子 (紙本淡彩納涼図, 久隅守景筆, 17 世紀, 東京国立博物館所蔵)

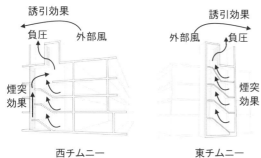

図 2.5.8　チムニー模式図
階段室の煙突効果と，負圧を生じさせるチムニートップの形状，および外部風による誘因効果の相乗により建物内の空気を上空に排気

（a）外気採り入れ窓　（b）廊下と研究室の欄間付扉
図 2.5.9　自然換気ルートの建具は換気量を調整しやすい引戸形式

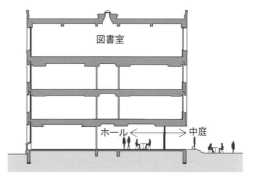

図 2.5.10　中庭とホールを自由に行き来できる空間構成

図 2.5.11　ホール，中庭，思い思いの場所ですごす生徒
中間期はホールと中庭を仕切るサッシを開放して利用している．

●屋外・半屋外空間滞在による外気利用

　屋外・半屋外空間においては，冬季や夏季の寒い・暑いといった温熱環境の数値上でいえば悪条件下であっても滞在者の多くは快適と感じ，屋外空間では人は環境特性の悪さを許容する傾向がある[9]．一例として，ホール（屋内空間）と中庭（屋外空間）を隣接させたデザイン事例を紹介する（図 2.5.10，2.5.11）[10]．生徒は，用途に応じて屋内，屋外を選択して滞在することができるようデザインされている．現地調査結果より，暑い 9 月においても一定数の生徒が暑さを許容して中庭に滞在していることがわかった[10]．

●まとめ

　自然の心地よさを建築空間に採り入れる手法として，自然換気と屋外・半屋外空間利用を紹介した．自らが選んだ環境は快適度が高いといわれるなか，利用者が自ら環境をコントロールできるようにデザインすることが重要である．すなわち，利用者が開閉しやすい自然換気窓のデザインや，内部・半屋外・屋外様々な居場所がある環境デザインが求められている．　　　　　　　　　　〔坂口武司〕

2.6 感覚の複合評価

1) 環境を多感覚の複合として捉える意義

風鈴は，かつて日本の夏の音風景として親しまれてきた．風鈴はなぜ「涼しい」と感じられるのだろうか？ おそらく音自体には「涼しく」感じさせる効果はないかもしれないが，風に揺られている様子を思い浮かべることで涼しかったことを思い出し，「涼しい」という評価につながるのかもしれない．または，風鈴を鳴らした風によって「涼しかった」体験をしたことが思い起こされて，その結果「涼しい」と知覚されたのかもしれない．

このように，われわれの身のまわりにある現象は視覚や聴覚など様々な感覚器官を通じて知覚されるが，その結果として感じられる感覚（知覚経験）は特定の感覚のみを通じて得られるだけではなく，他の感覚器官からの情報もまた影響を与えていると考えられる．村田[1]は「自動車の接近」という例（われわれは視覚や聴覚を手がかりにして自動車の接近を知覚している）を用いて，日常的な経験が「マルチモーダル（多感覚）」な性格をもっていることを説明している．まさにわれわれの日常はこのような「マルチモーダル」な体験の連続であり，その中で相対的に影響の大きい感覚が知覚されているが，一方で他の感覚からの刺激が影響を与えていないわけではない．

このような諸環境要因の複合効果に関する研究は，複数の環境要因を取り扱う手間はあるものの，様々な感覚の組み合わせについて行われている．たとえば実験心理学者のチャールズ・スペンス[2]は飲食によってもたらされる複数の感覚への影響について研究する「ガストロフィジックス」を提唱しているが，この分野では音刺激や香り刺激，またはスプーンやフォークの触感などが食事の「おいしさ」に与える影響について研究・実践が行われている．また映像作品などオーディオビジュアルの分野では視覚と聴覚の相互作用や，音楽と映像の組み合わせの調和（意味的調和），音楽と映像のリズムやテンポの調和（構造的調和）が印象に与える影響などが検討されており，情報処理の分野ではVRなどへの応用

を意図した視覚と触覚の相互作用についての研究がある．建築にかかわるものでは，堀江ら[3]による視覚・聴覚・温熱要因を対象とした複合環境の評価研究をはじめ，交通音や自然音と景観の調和が快適感評価に与える影響や温熱要因と交通騒音が快適感評価に与える影響，室内空間における視覚と聴覚の相互作用，色彩が温冷感に与える影響（hue-heat 仮説）についてなどの研究がなされている．

また研究の方向性としては，複数の環境要因を変数として，それらの組み合わせ刺激と環境の総合的な評価の関係について検討している研究や，組み合わせた刺激に対する注意や刺激間の調和など，総合評価に影響を与えるメカニズムについての研究，またこれらの組み合わせ刺激がどのような評価に影響を与えるのか（個々の要因に特異的な評価か，特定の要因に依らない非特異的評価か）などの研究が行われてきた．

前節まではこの刺激と感覚の関係について，単一の感覚ごとに知見を紹介してきたが，本節では複数の感覚の複合評価について紹介する．

まず次項では各環境要因の複合効果の考え方について解説し，その後建築空間にかかわる複合環境評価の研究事例として，視覚要因と聴覚要因，聴覚要因と温熱要因，色彩が温冷感に与える影響について解説する． 〔合掌 顕〕

2) 複合効果の考え方
●複数の環境要因の感じ方

前項で述べたように人間の感じ方は本来総合的なものである，という考え方があるが，分析的には視覚，聴覚，触覚，嗅覚など分かれていて，それらの知見を集めるような考え方にも有効性がある．

一般に複数の環境要因の影響を2要因のみに単純化して考えよう．AとBという条件が同時に与えられた場合の影響を$E(A+B)$，Aのみが与えられた場合の影響を$E(A)$，Bのみが与えられた場合の影響を$E(B)$と表現すると，理論的には以下の4つの場合が考えられる．

① $E(A+B)=E(A)$
  （ただし，$E(A)>E(B)$）
② $E(A+B)=E(A)+E(B)$
③ $E(A+B)>E(A)+E(B)$
④ $E(A+B)<E(A)+E(B)$

①はAのみが影響する場合に，さらにBが加わっても変化しないということであり，特に複合的な影響が現れない場合である（無効果）．たとえば，気温が40℃で，景色や音の条件に関係なく不快であるような場合である．

②はAのみの影響とBのみの影響を足し合わせた影響が現れる場合である（加算的）．たとえば，気温が30℃で，交通騒音が70dBであれば，それぞれの不快さを合計したような不快を感じるだろう．

③はAのみの影響とBのみの影響とを足し合わせたよりも大きな影響が現れる場合である（相乗的）．これは，複数の化学物質による空気汚染では，化学反応により相乗効果が生じるような例である．

④は問題にしている影響について，Aのみの影響がBにより減少してしまう場合である（相反的）．

加速度・酸素欠乏・高温・騒音などの環境ストレスが組み合わされた場合の生理量や作業成績に及ぼす相互的影響に関する文献[4]では，それらの影響の仕方は以上の4つに分類されている．実際には②の加算的な場合が大部分であり，④の相反的な場合はかなり少数で，③の相乗的な場合はほとんどみられないといわれている．ただし，これは作業成績であり心理反応や生理反応については詳しくは述べられていない．

以上のマルチモーダルな現象（複数のモダリティの同時刺激）を人間がどのように受け止めるかは，各モダリティに注意資源がどのように配分されているか，が関係していると考えられている．

●非特異的評価による複合効果の表現

人間が環境を評価する場合に，「快-不快」のように特定の環境要因に限らない全般的な評価をする場合と，温熱環境が「暑い-寒い」，音環境が「うるさい-静か」，光環境が「明るい-暗い」などのように個別の環境要因に限定して評価をする場合がある．前者は，環境要因の種類によらず相同である反応であり，非特異的反応とよび，後者は，個環境要因の種類に応じてそれぞれ異なる反応なので，特異的反応とよぶ．非特異的反応を評価基準とする場合，非特異的評価基準とよぶ．

イメージを伝えるために，図2.6.1に環境要因の状態を表示する軸（E_1，E_2）と非特異的不快感を表示する軸（NU）をもちいて，複合効果を表現する．異種の環境要因の状態を表示することは難しいが，

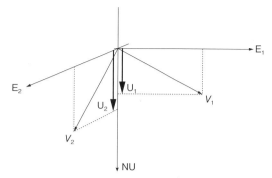

図2.6.1 複合効果の表現（文献[5]を元に作成）

仮にE_1軸とE_2軸によって表示できたとすると，非特異的不快感は環境値を示すベクトルのNU軸上への投影として表現できる．E_1軸とE_2軸は直交するものとして図示している．E_1-NU平面とE_2-NU平面上には各環境要因と非特異的不快さとの関係を示すグラフが表示される．たとえば，E_1を温度とすると，非特異的不快感の関係は，温度と温熱的不快感の関係とほぼ同様なので，上に凸のグラフが示される．E_2を騒音レベルの軸だとすると，E_2-NU平面には，E_2が増大するにつれて，NUの値が小さくなるグラフが示される．中等度領域で，複数の環境値ベクトルが存在する場合，加算することが可能であることは実験的に示されている．この図では，E_1による不快さはNU軸上のU_1の値によって表現され，E_2による不快さはNU軸上のU_2の値によって表現される．複合効果は，加算的な場合には，U_1+U_2となる．〔松原斎樹〕

3）視環境と音環境

われわれは日常生活のなかで様々な環境に曝されながら様々な情報を受け取っている．都市・建築空間の意匠や形状は，目で見る，つまり視覚的で捉える情報であり，音場（響き）やそこで生じる音は，耳で聴く，つまり聴覚で捉える情報である．

視覚と聴覚は互いに影響を及ぼしあうことがよく知られており，これを「視覚と聴覚の相互作用」という．視環境をデザインする場合はその場の音環境の特徴，音環境をデザインする場合はその場の視環境の特徴を把握し，視覚と聴覚の相互作用に配慮したデザインがなされることが望まれる．本項では，現在までに明らかにされている様々な視覚と聴覚の相互作用について解説する．

●音像定位の変化[6]

音像定位とは，音が聞こえてくる方向や音源（発音体）との距離を知覚する能力のことである．人間はこの能力をもっており，たとえば蚊が飛んでいるとき，羽音の音量や羽音が聞こえてくる方向から，目で蚊の姿を捉えていなくとも，おおよその辺りに蚊が飛んでいるか推測することができる．この音像定位において，音源と視覚情報に食い違いがあると，音源の方向が視覚情報寄りに（視覚優位に）定位にされることが明らかにされている．この代表的な例が「腹話術効果」である．これは，腹話術人形の口を動かしながら腹話術師が口をほぼ閉じた状態で声を出すことで，あたかも腹話術人形が話しているように見えるというものである．

●感受性の変化[7]

五感にはそれぞれ感受性（感度）がある．テレビの音量を1上げたときと5上げたときでは，当然ながら後者のほうが音量が大きくなったことに気がつきやすいだろう．視覚と聴覚の相互作用の1つである感受性の変化とは，同時に複数の感覚が存在する場合に，一方の感覚への刺激が，他方の感覚の感度を変化させる現象である．建築音響分野の研究事例では，視覚情報の存在によって聴覚に対する感度が鈍くなり，音響障害であるエコーが発生していることに気づきにくくなることが示されている．この研究では，リコーダー演奏およびスピーチの音と映像を用いた被験者実験を行い，被験者の正面に設置したスピーカーとモニターから音と映像が同時に再生されたときに，映像が再生されないときに比べてエコーが検知されにくくなることが確認された．

●映像と音の相互作用[8]

映画，ミュージックビデオ，ゲームなどの映像作品における視覚と聴覚の相互作用のうち，音によって映像に対する評価が向上する効果や，映像と音が調和していることで作品の総合評価が向上する効果は，映像制作に活用されている．映画『ジュラシック・パーク』（1993年）では，CGで描写された恐竜のリアルさが話題となったが，そのリアルさをさらに向上させたのは様々な動物の鳴き声を組み合わせて作られた架空の「恐竜の声」だといわれている．映画『ファンタジア』（1940年）は，クラシックの名曲のメロディラインやリズムパターンに合わせてキャラクターたちが動く様子が印象的であるとともに，映像の動きが音楽構造の理解にもつながっており，アニメーション映画として高い評価を得ている．

●景観と音および内観と音環境の相互作用[9]

都市空間における景観と音の相互作用については，騒音に関する研究例が多くある．交通道路騒音などの騒音は単独で聞く場合より，景観と同時に見聞きする場合のほうが騒音の存在が意識されづらくなり，ラウドネス（人が感じる音の大きさ）やアノイアンス（人が感じる音の不快感）が低下することなどが明らかにされている．

建築空間における内観と音環境の相互作用については，室内観から把握される部屋の広さの感覚が，室内の響きの印象に影響を及ぼすことが示唆されている．たとえば，空間の音響情報のみが提示された場合より，空間の意匠と音響情報が同時に提示された場合のほうが響きがより長く・豊かに感じられる傾向があるという報告や，演奏者による楽器演奏を演奏者近傍で聴くと見かけ上の音源の幅（ASW：apparent source width）は小さく，音に包まれた感覚（LEV：listener envelopment）は低くなる一方で，演奏者から離れて聴くとASWは大きく，LEVは高くなる傾向があるという報告がなされている．

〔石川あゆみ〕

4) 聴覚要因と温熱要因
●過酷な熱・音条件と作業成績

音と熱の複合が最初に注目されることになったきっかけは，米国海軍であった．第二次大戦中，艦艇が熱帯海域を航行するには艇内の暑さに対処しなければならなかった．しかし，当時の空調・換気設備は現代よりずっと大型で，運転騒音も大きかった．機器重量は艦艇の設計にも影響を与えるほどだったので，少しでも軽量化したい．そこで，小型化し静かだが暑い環境と，大型になり空調能力は高いがうるさい環境の，どちらが乗組員はパフォーマンスを発揮できるのかが注目されたのである．こうした経緯から，仕事の正確性とスピードが判断基準として特に重要であった．

他にも航空機の乗組員や宇宙飛行士を想定した研究があるが，これらを特殊でわれわれとは無縁と切り捨てることはできない．工場や建設現場など，現代でも簡単に空調や騒音を制御できない場面は多々あり，古くて新しい課題なのである．

表2.6.1 各カテゴリーのスコア（文献[3]を元に作成）

因子	夏		冬	
	カテゴリー	スコア	カテゴリー	スコア
気温 [℃]	22	0.762	10	−1.480
	26	0.706	15	0.051
	30	0.180	20	0.688
	34	−1.637	24	0.697
騒音レベル [dB(A)]	40	0.168	40	0.436
	50	0.151	50	0.337
	60	0.052	60	−0.097
	70	−0.374	70	−0.676
照度 [lx]	170	−0.057	170	−0.271
	700	0.006	700	0.207
	1480	0.052	1480	0.080

●日常生活環境と総合評価の定量化

やがて，日常生活環境が対象とされるようになると，その環境の評価指標は評定尺度法による心理測定が中心になる．

堀江ら[3,10]は気温・騒音レベルに照度を加え，不快さの申告に基づいて各水準の点数を導き，組み合わせの合計点がその環境の不快さの程度となる方法を提示した（表2.6.1）．たとえば，冬の15℃（0.051）・60 dB（−0.097）・700 lx（0.207）の環境なら合計0.161がその環境の評価値となる．この数値が低いほど不快であることを意味する．長野ら[10]は，SET*と等価騒音レベルの組み合わせから，その環境の快適性と受容性を0～100の数値で表す線図を提案した．図2.6.2は快適性50以上と受容性50以下の分布を組み合わせて表した線図である．

いずれも，同じ温度（騒音）でも騒音（温度）によって環境の快適性の程度は異なるが，どちらかが過酷な水準であればそれだけで不快であり，他の中庸な要素はあまり影響しない点で共通している[11]．図2.6.2の夏の46 dBを例にすると，24℃の快適性70以上から37℃の受容性20以下まで幅広く分布する．一方90 dBのときには，24℃でも受容性40であり，温度がどうであろうとその環境を受け入れられないことがわかる．実社会に当てはめて解釈すれば，たとえば夏に窓を開けて外気を通すとき，46 dBの静寂な地域では30℃でも快適であるが，都市部で68 dBもあれば25℃以下でないと快適感を得られない，ということになる．

また，快適条件は受容条件の内側にあり，その中間すなわち快適ではないが受け入れられる環境条件が存在する（図2.6.2のハッチ部分）．68 dBのとき，30℃でも，25℃のように快適ではないかもしれないが，なんとかしのげる，というわけである．環境をデザインする際には，少なくともこうした特徴を踏まえることが望まれる．過酷な環境条件を作らないことにはあまり異論はないとしても，常に最適条件を目指すよりも，許容範囲にとどめて空調負荷や排熱を抑えるという生活スタイルもありうるだろう．

●知的生産性へ

現代になって，脱工業化が進み，知識労働的な業務が増えた国々では，知的生産性が注目されるようになった．その測定手法は，アンケート形式のほか，タイピングやn-back課題といった作業成績によるものがある．音と熱の複合研究でも作業試験を行って評価するものが散見されるようになった．折しも，世界的な新型コロナの影響から，在宅勤務，テレワークの機会が増えた．かつての過酷な環境下での作業成績評価とは違う，新しい潮流である．カフェのような多少の喧噪のほうが仕事がはかどるという報告もあり，今後の新知見の発表が待たれている．

〔長野和雄〕

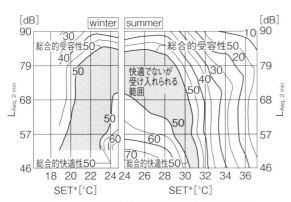

図2.6.2 等快適・等受容線図（文献[11]を元に作成）

5) 色彩が温熱感覚に与える影響

色が温熱感覚に与える影響については古くから知られており，特に「暖色」や「寒色」は温冷感に影響を与えると広く一般に考えられている．このような考えは「hue-heat仮説」とよばれており，暖色・寒色が在室者の温熱感覚に与える効果や，エネルギー消費量に与える影響などについて研究が行われてきた．色彩が部屋の空間の印象のみならず温熱感覚にも影響を与えているならば，たとえば室内の色彩をコント

ロールすることで省エネルギー化に寄与することもできると考えられるが，この色彩の効果を明確に実証した研究は少なく，効果が認められた研究においても，色彩の影響は「実用的な効果ではない」と結論されている．

●空間の温熱環境と色彩

上記の研究では，「快適な」温熱環境下でたとえば色のついたゴーグルの装着や照明に色彩フィルターを付けるなどにより色彩を呈示している．それに対して松原ら[13]は「色彩が温冷感に与える影響は温熱的に中程度に不快な温熱環境下で生じる」との仮説を立て，これを検討するために様々な温度条件下で被験者を2種類の色彩条件（橙，薄青のカーテン）に暴露し，空間のイメージおよび温冷感を評定させる実験を行っている．高温度条件への暴露実験は夏期に行い，中立温度である27.0℃から1.5℃刻みに33.0℃までの5段階を設定した．低温度条件への暴露実験は冬季に行い，温度条件は夏季と同様に1.5℃刻みで21.0℃までの5段階であった．実験の結果，温度に特異的な尺度である「温冷感」では色彩の影響は見られず，室温の高低に応じて「暑い」「寒い」と評価されていたが，室内空間についての非特異的評価である「涼暖の印象」は色彩の影響を受けることが明らかになった．具体的には，低温度側への暴露実験では24.0℃，25.5℃といった「少し不快」な温度条件で薄青色呈示が橙色呈示より涼しいと評価されていた．一方高温度側への暴露実験ではどの室温条件においても薄青色呈示条件は橙色呈示条件より涼しいと評定されていた．

これらの実験結果は，色彩が空間の温熱環境評価に与える影響の特徴を示している．すなわち寒暑感や涼暖感といった非特異的な部屋の印象評価では寒色が暖色より「涼しい」と感じられているのに対し，温度に特異的な温冷感では温度の影響のみが見られ，色彩の影響はほとんど見られない．

また，この色彩の効果は高温度と低温度のいずれにおいても寒色の呈示によって環境がより涼しく感じられており，特に高温度側では33℃でも色彩の効果が見られたことから，寒色を用いることで省エネルギーに寄与することができるかもしれない．

一方，低温度側では「少し不快」な温度条件で色彩の効果が見られたことから，低温度側では当初の仮説が支持されたと考えられる．一方，高温度側と

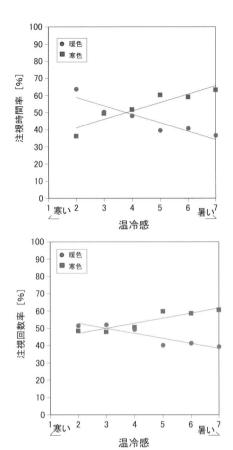

図2.6.3 暖色・寒色刺激への注視時間率，注視回数率と温冷感の関係（文献[14]を元に作成）

低温度側では色彩の影響が異なっていたことは，色彩が温冷感に与える効果の違いを示していると考えられる．

●「暑い」「寒い」環境での色彩への注視

坂本ら[14]は「被験者の色彩への注視」という観点から，温熱環境における色彩の影響を検討している．中立温度を中心とした3段階の温熱環境下で被験者にアイマークレコーダーを装着させ，壁面を暖色・寒色に彩色した室内空間の写真を刺激として呈示した．その結果，暑い環境では寒色をより多く，長く注視するのに対し，寒い環境では暖色をより注視する傾向が示された（図2.6.3）．「対象物への注視」は注意そのものではないが，注意の向きの有効な指標となる．そのため，この結果は不快な温熱環境において，その不快さの軽減が期待できる色彩に注意が向けられるという，色彩が温熱評価に与える影響のメカニズムにかかわる知見として興味深い．

〔合掌 顕〕

3. 環境認知と人間行動

今，あなたはこの本をどこで読んでいるのだろうか．自宅の一室であれば，そこから一歩外に出たところに何があるかは知っているし，外出先であれば，そこからどのように自宅に帰るかはわかっているだろう．このように，私たちは身のまわりの環境について，そのあり方を認識（これを心理学では認知という）して，それに基づいて行動している．

本章では，第2章で学んだ諸感覚による環境からの情報受容についての知識を基礎に，知覚された情報に基づく環境認知とそれに伴う人間行動について理解を深め，様々な場面での環境デザインを多角的に検討する手がかりを提供する．

3.1 生態学的な人間と環境との関係

ここまでの説明から，低次の感覚から知覚を経てより高次の認知に至るといった過程を考えがちであるが，実際にはそのような段階的な情報処理ではなく，一体のもの（広い意味での「知覚」）と考えるべきである．たとえば，目の前にある物を見たとき，その赤い色の感覚からはじまり，その丸い形状の知覚を経て，それをリンゴと認知するといったような見方は実際にはしない．それにもかかわらず諸感覚や知覚過程が分離されて語られるのは，あくまで便宜的にそれらの特性の理解を容易にするためである．

それでは，私たちの環境の知覚や認知はどのように考えればいいのだろうか．それは，ひとことでいえば「生態学的」であること，つまり人間と環境，または人間どうしが相互に作用し合っているとみることである．一般に生態学は，生物やそれをとりまく環境との相互作用を扱うが，人間についても同様の関係を考えるのである．つまり，人間の知覚は環境から情報を一方的に受け取るのではなく，環境に働きかけて必要な情報を取り出す能動的な過程とし

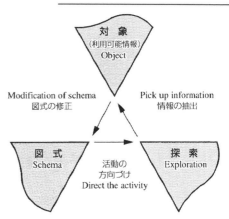

図 3.1.1 知覚循環モデル（文献[2] p. 21 を元に作成）

て考える．ギブソン（J. J. Gibson）[1] は，「行動するためには知覚する必要があるが，正しく知覚するためには能動的な行動が必要である」と述べている．

また，ナイサー（U. Neisser）[2] は，能動的な行動を通して認知に至る過程について，連続的で循環的な図 3.1.1 のようなモデルを提案している．最初に対象を見た観察者は，自分があらかじめ知覚対象についてもっている認知的枠組み（これを図式という）に基づいて「あれは○○だろう」と仮説を立てる．次に，それを確かめるため，対象に接近したり別の角度から見たりする「活動の方向づけ」を行う．そうした探索活動により「情報抽出」を行い，先に立てた仮説と照合して違っていれば「図式の修正」を行う．そして修正した新たな図式により再度「活動の方向づけ」を行うといった過程を，正しく認識されるまで繰り返すとしている．

以上のように，人間と環境との関係は定常的な相互作用（インタラクション）にとどまらず，時間的な経過に伴って，人間側も環境側も互いに影響し合い動的に変化し続けている．これはさらに一歩進めて，人間と環境とが分離できない相互浸透（トランザクション）の関係とみることもできる．しかし本章では，環境の操作としてのデザインへの適用を考えているため，あえて両者を分けて取り扱っている．

〔大野隆造〕

3.2 身体と空間

　はじめに，環境をデザインするという行為の身近な例として，自分の部屋の模様替えをしたときのことを思い出していただきたい．使いやすさを考慮して，家具や物の配置を工夫したはずである．しかし，その空間を実際に使用してみて，動作がスムーズでなかったり，窮屈さを感じたりしなかっただろうか．このような経験から気づかされるのは，特に意識することなく行っている生活行為が，環境によって支えられているという事実である．つまり，個人の能力や身体的な特性だけでなく，それらに適合した空間が周囲に存在することで，初めてスムーズな行為が実現するのである．あたりまえのことに感じられるかも知れないが，環境をデザインする際に忘れてはならない基礎的な事実ともいえる．

　本節では，身体と周囲の空間とのかかわりに着目しながら，人間と環境の相互作用について検討する．はじめに，建築に関する人間工学において蓄積されてきた，人体と動作の寸法や，日常生活における姿勢に関する知見を概観する．続いて，ギブソン（J. J. Gibson）が構築した，知覚と行為に関する生態学的アプローチについて解説し，その中で考案されたアフォーダンス（affordance）の概念を紹介する．このアプローチは人間と環境の相互性を重視しており，われわれの生活行為について理解を深めるために有効である．以上の内容を通して「人間と環境が一つのシステムとして機能する」という視点を伝えることを目指す．

1）人体，動作，姿勢

　建築に関する人間工学の基礎には，人間と物，または人間と空間を一つのシステムとして捉えるという視点がある[1]．人間工学はもともと，使いやすい機械を設計することを目的として発展してきた．操作する側の人間の諸機能を計測し，それらに適合するように設計する手法が研究されてきた．その基礎となったのは，機械のみではなく，人間を含むシステム（人間-機械系）を検討の対象とするという視点である．後に，人間工学の適用範囲は様々な製品へ広がっていき，建築学においても，家具や生活空間のデザインに応用されるようになった．その過程を通して，人間-機械系という視点は，人間-物系や人間-空間系として拡張されてきた．

　人間工学では，デザインの基礎資料とするため，人体や動作の寸法の計測が行われてきた．日本建築学会が編集した『建築設計資料集成』[2]には，これまでに蓄積された膨大なデータが整理されている．ここでは，その例を紹介しながら身体と空間の基本的な関係について確認する．図 3.2.1 は人体寸法の例であり，デザインの最も基礎的な資料となる．身体の各部位の長さは身長に比例するため，身長に対する比率で表されている．ただし，眼高に関しては，身長から 12 cm を引いた値となっている．図 3.2.2 は，身長 170 cm の男性が休息用の椅子に座り，上肢を動かした時の指先の軌跡である．このような寸法を動作寸法や動作域とよぶ．

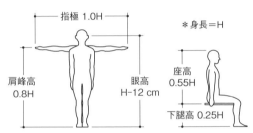

図 3.2.1　人体寸法の例（文献[2] p.16 に基づき作成）

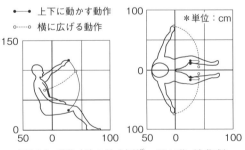

図 3.2.2　動作寸法の例（文献[2] p.30 に基づき作成）

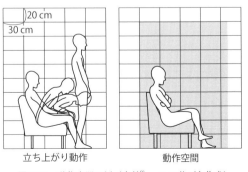

図 3.2.3　動作空間の例（文献[2] p.45 に基づき作成）

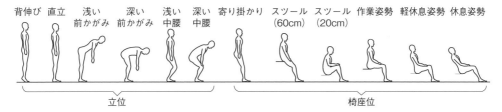

図 3.2.4 生活の基本姿勢の分類（文献[2] p. 26 に基づき作成）

より実用的な寸法として，動作空間という概念も考案されている．図 3.2.3 は休息用の椅子の例を示している．動作空間は「人体・動作寸法＋物の寸法＋ゆとり寸法」として定義される．その動作寸法には，上肢の動作（図 3.2.2）だけでなく，頭部および下肢の動作，さらに立ち上がる動作（図 3.2.3 左）も含まれる．ゆとり寸法には，人体寸法の個人差，着衣の影響，身体の揺らぎ，動作に必要なクリアランス，心理的な余裕などが含まれる．このようにして求めた動作空間は，人間と物が適切に機能するために必要な空間である．したがって，人間-物系や人間-空間系の視点を反映した寸法であるといえる．

以上の寸法に関するデータは，われわれの姿勢の多様さに基づき整理されている．建築に関する人間工学では，日常生活の基本姿勢を 24 種類とし，4 つのカテゴリーに分類している（図 3.2.4）．実際の生活場面において姿勢を調べた研究としては，渡辺による観察調査[3] があげられる．屋外と居室内における休息姿勢の分析では，図 3.2.5 に示すように，様々な物を身体の支持に利用することが示されている．劇場と電車における着座姿勢の分析では，時間の経過に伴い，身体の支持点（上体，尻，脚）の状

図 3.2.5 休息姿勢の例（文献[3] p. 34, 38）

態を多様に変化させる様子が示されている．そのように姿勢を固定せず変化させる理由として，筋疲労部位の交替，圧迫部位の交替，血液循環系への負荷の軽減，筋運動のポンプ作用による血流の改善という生理的な効果をあげている．そのうえで，姿勢が多様かつ動的であることについて，アフォーダンスの概念（後述）や人間と環境の相互性という観点から考察している．

2) 生態学的アプローチ

ギブソンの生態学的アプローチ[4, 5]では，知覚と行為について論じるにあたり，環境がどのように構成されているのかを検討している．そして図 3.2.6 に示すように，環境の構成要素を媒質（medium），物質（substance），表面（surface）に分類している．媒質は空気が占めている部分であり，人間が自由に

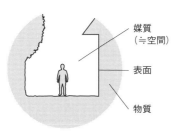

図 3.2.6 環境の構成要素の分類

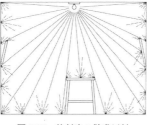

図 3.2.7 放射光の散乱反射
（文献[4] p. 218）

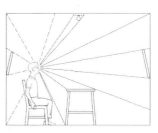

図 3.2.8 包囲光配列
（文献[4] p. 223）

移動や動作を行う部分である．物質はそれ以外の部分であり，表面は媒質と物質の境界である．われわれを取り囲む多様な表面には，色素や凹凸に基づく特有の肌理（texture）が存在する．環境の知覚の基本は，環境を構成する表面のレイアウトを知覚することと考えられる．また，環境における行為の基本は，表面と身体の関係を調整することと考えられる．

続いてギブソンは，環境の知覚を可能にする視覚情報について検討した．図 3.2.7 に示すように，光源から放射された光は，表面に達して散乱反射し，様々な方向に拡散する．拡散した光は別の表面に達し，再び散乱反射する．そのような反射を何度も繰り返した結果，媒質内は密な反射光で満たされた状態になる．このとき，媒質内の任意の場所にいる人は，周囲全方向を光に取り囲まれる（図 3.2.8）．そのような光を包囲光（ambient light）とよぶ．包囲光には表面の肌理やレイアウトが投影され，包囲光配列（ambient optic array）という構造が形成される．配列には表面に関する豊富な情報が含まれ，それらを検出することで表面のレイアウトが知覚される．

さらに，視点が移動するときには，より多くの情報が環境から与えられる．移動時の包囲光配列には，光学的流動（optical flow）という全体的な変形が生じる．図 3.2.9 に示すように，進行方向を中心として，放射状に拡大する流動が生じる．各方向の流動の大きさ（角速度）は，移動速度，進行方向に対する角度，表面までの距離により法則的に決まる．したがって，光学的流動には表面のレイアウトや移動の状態に関する情報が含まれ，それらを検出することにより環境内の移動が制御される．以上の考え

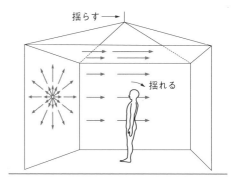

図 3.2.10 スウィンギングルームの実験

方を建築学に適用した例として，移動に伴う環境の変化の分析があげられる．たとえば大野[6]は，屋外の経路に沿った環境の変化を，建物や樹木などの可視量（立体角）の変動として定量的に記述している．

媒質はわれわれが空間とよぶものに似ているが，なぜギブソンは媒質と表現したのだろうか．空間という言葉を辞書で引くと「物が存在しない，空いている場所」という説明がある．しかし，すでに述べたように，媒質のすべての場所には包囲光が存在し，豊富な情報で満たされている．その意味において，媒質は「空っぽ」な空間ではない．媒質の中にいる人は，情報に媒介されて，周囲の環境とつながっているといえる．ギブソンが媒質という言葉を選んだのは，その点を強調するためだと考えられる．

情報を介した人間と環境のつながりの例として，スウィンギングルームという実験[7]が知られている．図 3.2.10 に示すように，実験に用いた部屋の天井と壁は，上から吊るされて床と分離している．その中に人が立っているときに，部屋を前後に数 cm の幅で静かに揺らしながら，姿勢の変化を計測した．その結果，部屋の動きに同調して，身体が無意識的に揺れることが明らかになった．光学的流動により身体が傾きつつあるという知覚が生じ（実際には傾いていない），それを補償するために身体が前後に揺れたと解釈できる．この現象は，直立姿勢の維持という基礎的なレベルの行為において，情報が人間と環境を深く結び付けていることを示している．

3） アフォーダンスの概念

ギブソンは，人間との相互性を考慮した環境の特性を表現するため，アフォーダンスという概念を考案した[4,5]．アフォーダンスは afford（提供する）を

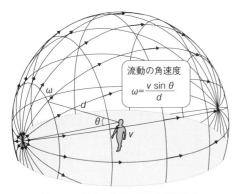

図 3.2.9 視点の移動に伴う光学的流動

流動の角速度
$$\omega = \frac{v \sin \theta}{d}$$

元にした造語であり，ギブソンは「良いものであれ悪いものであれ，環境が動物に提供するもの」と定義している．たとえば，ほぼ水平で，ほぼ平らで，十分に広く，十分に堅く，膝くらいの高さの表面は，座ることをアフォードする．いいかえると，そのような表面は着座のアフォーダンスをもつ．つまりアフォーダンスとは，環境が提供する様々な行為の可能性と解釈できる．ただし，崖が転落をアフォードするように，有害な可能性も含まれる．

　ギブソンは，アフォーダンスのような環境の「意味」が，主観によって生み出されるのではなく，環境に存在していると考えた．着座のアフォーダンスを例にとると，水平さ，平坦さ，広さ，堅さ，高さという特性は，包囲光の情報により知覚される．それらの特性を知覚すれば，アフォーダンスも知覚される．したがって，その表面が存在するのと同様に，アフォーダンスも知覚の対象として存在している．当然，知覚者の特性に応じて，知覚されるアフォーダンスは異なる．たとえば，大人の膝の高さの表面は，小さな子供には着座をアフォードしない．しかし，大人と子供に対するアフォーダンスは，知覚されるかどうかにかかわらず，どちらも環境に存在している．個人の特性，行為の種類，表面の性質やレイアウトの多様性を考えると，環境には無限のアフォーダンスが潜在的に存在していることになる．

　ノーマン（D. A. Norman）は，デザインを理論化する中でアフォーダンスの概念を応用している[8]．その理論によると，良い製品を作るには，どのような操作が可能か，すなわちアフォーダンスを知覚できるようにデザインする必要がある．たとえば，押して開けるドアには，押すという操作をアフォードするデザインが求められる．さらにノーマンは，適切な操作を伝えるサインやシグナルをシグニファイア（signifier）と名付けた．図 3.2.11 に示したドア

図 3.2.11　アフォーダンスとシグニファイアの例

では，つまみは左右に回すことをアフォードし，ドア自体は押すことも引くこともアフォードしている．どちらの操作が正解かを示す表示がシグニファイアであり，操作の曖昧さを解消している．シグニファイアという概念の対象範囲は広く，知覚されたアフォーダンスや偶発的な手がかり（たとえば，手垢の付着が操作すべき場所を伝える）も含まれる．

　日常生活におけるアフォーダンスの利用を示す例として，マイクロスリップという現象が知られている．鈴木[9]は，図 3.2.12 のような実験環境を用意し，インスタントコーヒーを作る作業を詳細に観察した．その結果，手の動きに微小な「淀み」が生じることを確認している．この淀みはマイクロスリップとよばれ，躊躇，軌道の変化，関係のない物への接触，手の形の変化の 4 種類に分類される．マイクロスリップの発生頻度を分析した結果，物を追加して環境を複雑にすると増加し，物の配置を使いやすく変更すると減少することが明らかになった．マイクロスリップは，複数の行為の可能性を能動的に探索する様子として解釈できる．コーヒーを作るという日常的な作業の中では，アフォーダンスの探索と選択が繰り返し行われていると考えられる．

　マイクロスリップは卓上で観察された現象であるが，その本質は人間と環境のかかわりの全体に一般化できる．環境は多様なアフォーダンスを備え，それらを知覚するための情報を提供する．われわれは情報を検出してアフォーダンスを探索し，環境に適合するように行為を柔軟に調整する．その過程は循環的に進行する．知覚により環境の移動や操作を制御し，その行為により環境から新たな情報が提供される．つまり，人間と環境は相互に作用して一つのシステムを形成し，その動的なふるまいとして様々な生活行為が実現している．　　　　〔稲上　誠〕

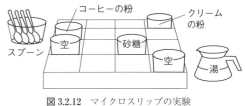

図 3.2.12　マイクロスリップの実験
（文献[8] p. 54 に基づき作成）

3.3 人間-空間生態系

たとえば友人と何かをするために座る必要があって，6人掛けのテーブル席が空いていたとき，どこに座るか考えてみよう．無意識のうちにも友人との関係や，何をするかで座る席を選んでいないだろうか．ソマー（R. Sommer）は，実験として6人掛けの四角いテーブル席の図を示し，自分と友人がどこに座るかを学生に聞いた[1]．すると「気楽な会話」では短辺をはさんで向かい合うか机の角をはさんで隣合う席，「協力」する行動では隣り合う席，「同時に」する作業では対角線上の席，「競争」する行動では対面や対角線上の席が好まれた（図3.3.1）．

では，なぜそれらが選ばれたのか．「同時に」する作業では広いスペースをとるために，「気楽な会話」では相手との近さや視線を合わせやすいため，「協力」では物のやり取りがしやすいために，隣り合うことが好ましいと評価されていた．一方，「競争」で向き合うことは，そのほうが競争しやすい，あるいは広く空間を使えて相手の顔を見なくてよいからと評価されていた．ここから，人と人の間にある空間が行動上の物理的な必要性のほかに心理的な理由

配　置	条件1 （会話）	条件2 （協力）	条件3 （同時作業）	条件4 （競争）
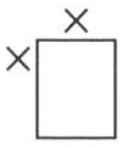	42	19	3	7
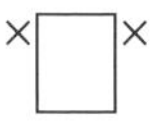	46	25	32	41
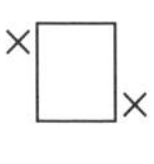	1	5	43	20
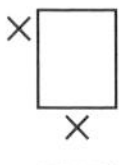	0	0	3	5
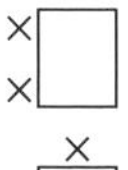	11	51	7	8
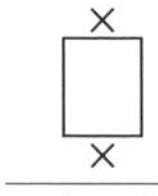	0	0	13	18
合　計	100	100	100	99

図 3.3.1 同席者との行為の違いによる席の選択
（数値は配置を選んだ被験者の比率［%］）
（文献[1] p. 87より転載）

で使い分けられていることがわかる[2]．

図書館の閲覧室を訪れれば，そこには多くの机があり，人々が思い思いの席に座っている．また，行動目的，部屋の机の配置，騒音や採光などの環境，環境や人に対する印象や，そこからもたらされる心理的な状態により，様々な要因が重なりあった結果として閲覧室の人々の場所のとり方が現れている．このような人間と空間のかかわり方が幾重にも重なっていること，人と空間が互いのありようを形成していくような関係性をさして，建築学では「人間-空間生態系」とよんでいる．

1）パーソナルスペース

あなたが猫を飼いはじめたとしよう．自宅に連れ帰った猫は，じっとしている．そして近づくと，一定の距離を保つようにして離れる．無理にそこから近づくと，走り去ってしまう．猫を抱き上げようとして部屋の隅に追い込んだとしよう．すると猫の面前まで迫ったとき，猫は逆毛を立てて，逃げるのではなく逆にあなたのほうへ向かい，爪を立ててあなたの手を叩こうとする．こうした防御にかかわる動物の行動についてヘディガー（H. Hediger）は，他種の生物が個体に近づいたときに，ある一定の距離に至るまでは逃げずに保たれている距離を「逃走距離」，攻撃を仕掛けようと，逃げる判断から近づく判断に変化する距離を「臨界距離」としている．一方，仲間と共に居るときにも一定の距離が保たれる．動物の個体間でとられる距離を「個体距離」，離れると仲間を見たり聞いたり嗅いだりできなくなる，仲間との接触を失う距離を「社会的距離」としている[3]．このような，動物の個体間の距離にみられる傾向は人間にも認められる．ソマーは人の身体を取り囲む目に見えない境界をもち，他人に侵入されたくない領域をパーソナルスペースと定義している[2]．

またホール（E. T. Hall）は，北米東部の人々へのインタビューと行動観察の知見をもとに，対人距離に使い分けがみられることを見出している．すなわちコミュニケーション時の対人距離を，異なる社会的関係とその距離で捉えられる感覚情報の特徴により，4つの距離帯（親密距離，私的距離，社交的距離，公共的距離）に分類している（図3.3.2）．また，それぞれの距離帯の中に近接相と遠方相を設定している．親密距離は身体的接触を伴うコミュニケー

図3.3.2　ホールによる4つの対人距離帯（文献[3] p.177をもとに作成）
（写真撮影：立ち話＝小林美紀，他3点＝大野隆造）

ションでとられる距離である．相手をハグするような接触状態（近接相0-15 cm）から，手を触れ合ったり，相手の目の瞳孔の大きさを観察できる距離（遠方相15-45 cm）である．私的距離は，その内部にいる場合，自分の手足で相手に対して働きかけ，捕まえたり表情を読み取りやすい距離である（近接相，45-75 cm）．遠方相は，二者が居るとき，片方が手を伸ばせばすぐに触れる距離のすぐ外から，両方が腕を伸ばせば指が触れ合う範囲（75-120 cm）である．社交的距離は，近接相（120-200 cm）は個人的でない要件や，日常一緒に働く人々の間のコミュニケーションでとられる距離であり，遠方相（200-360 cm）は，より形式を重んじるコミュニケーションや，同室だが少し離れて他の行為をする場合にとられる距離である．公共的距離の近接相（360-760 cm）は，必要であれば相手からすぐに離れられる距離である．遠方相（760 cm以上）は，大統領を少し離れてとりまく群集がとるような距離であり，演説のように複数の人を視野に入れながら，大きな声とジェスチャーによってコミュニケーションが行われるような距離である[3,4]（4.6節83頁「文化」参照）．

　ホールはこのような人間どうしの距離の取り方などの空間行動を研究する領域をプロクセミクス（近接学）と名付けている[5]．ソマーやホールの研究以降，プロクセミクスは多くの心理学，行動学的研究で性別や年齢，性格や社会的な関係性，環境，文化の観点から検討されている．たとえば異なる方向から人が接近する場合，このままでよいと感じられる

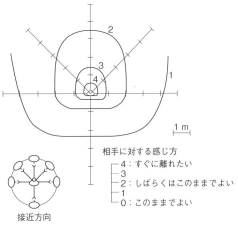

図3.3.3　男性-男性接近時の，相手に対する感じ方の領域
（文献[5] p.1230より転載）

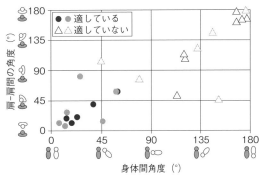

図3.3.4　微小重力空間での，コミュニケーション時に好まれる二者間の身体角度（文献[6] p.1563）

距離は後方より前方で広くとられる（図3.3.3，高橋ら）[6]．近年では，ISS国際宇宙ステーションでも，微小重力環境下でとりうるコミュニケーション姿勢とその好ましさが検討され，地上空間と同様の位置関係が好まれることがわかっている（図3.3.4）[7]．

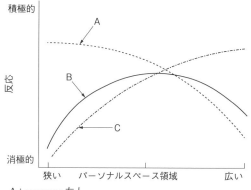

A：………… 友人
B：――― 他人（コミュニケーションする可能性あり）
C：―・―・― 他人（コミュニケーションする可能性なし）

図 3.3.5 アルトマンによる，社会的なつながり　の機能としてのパーソナルスペースと相手に対する応答の性質についての仮説モデル（文献[8] p.92）

図 3.3.6 住宅の前庭の芝生をテリトリーマーカーとしたテリトリー境界（撮影：大野隆造）

対人距離の理論的研究として代表的なものには，アーガイル（M. Argyle）とディーン（J. Dean）の親和‐対立理論があげられる．人は他者に接近したいという欲求と，他者を避けたいという対立する欲求のバランスをとるために対人距離をとるというものである[4]．人間関係と距離の関係について，アルトマン（I. Altman）は相手との社会的関係性によりパーソナルスペースの領域が変化することを仮説モデルとして示している．友人と接する場合，パーソナルスペース領域は互いに相手と近くなり，近い方が快適と感じられ積極的に反応するが，見知らぬ人との間では，パーソナルスペースの領域が広くとられたほうが，相手に対して積極的に反応できるとしている（図 3.3.5）[8]．このアルトマンのモデルも，コミュニケーションをとる可能性のある他者に対して接近しすぎず，離れすぎない距離が想定され，親和‐対立理論と同様の観点がみられる．

2） テリトリー

パーソナルスペースは，人を中心としてそのまわりにある．人が動けば，パーソナルスペースも人に付いて動く．一方，テリトリーは環境に属して動かない，空間に張られた縄張りである[2]．動物の場合，個体や個体群が捕食などで日常的に移動している同種の個体の侵入を阻むために守る領域を示す[3]．人の場合，動物のそれよりも多様なものとして，テリトリーを捉えている．たとえば電車の自由席に座っていて，少しその場を離れたいときに本やハンカチ

を座席に置いて，そこを利用中であることを示している座席もテリトリーにあたるだろう．

テリトリーについて，ギフォード（R. Gifford）は，その中への他者の進入がコントロールされている場所であると述べている[4]．アルトマンはプライバシーや所属，接近のしやすさから3つに分類している．3つの分類のうち，一次テリトリーは個人や集団にとって独占的に所有され使用され，明確に彼らのものであると特定でき，比較的長い期間持続する，居住者の日常生活の中心となる空間である．個人の家やその寝室がそれにあたる．二次テリトリーは，一次テリトリーより重要さが低く，固定されたものではないややゆるやかなテリトリーである．利用するグループやそのメンバーがある程度認識されている．オフィスの個人用の机，スポーツジムのロッカー，行きつけのレストランなどがその例にあたる．公共のテリトリーは二次テリトリーよりもさらに社会的なもので，コミュニティと良好な関係にあれば誰でも利用できるテリトリーである．ホテルのロビー，大学生の所属するキャンパス，旅行者にとっての列車のように，目的を共にする人びとやコミュニティによって占有される場所である[4,9]．

テリトリーは領域そのものであるが，こうした占有領域を示す行動や情報を，テリトリアリティとよぶ．ギフォードは，個人や集団に保持されている行動と態度の型，と定義している．先ほどあげた座席に本を置く行為は，本をテリトリーマーカー（目印）としたテリトリアリティである[4]．建築的には，たとえば米国の住宅の前庭の芝生（図 3.3.6）がテリトリーの境界を示し，また，たとえば茶室の露地に置かれた留石が進入を阻む，テリトリーマーカーであり，テリトリアリティを示している．

3) 密度，クラウディングとプライバシー

　群集の物理的な密度（density）と主観的な混雑感（クラウディング）は異なる．ストコルス（D. Stokols）は単位面積当たりの人の数である密度（density）と，空間・社会・個人的な要因の相互作用によって経験される意識状態であるクラウディングとを区別している[10]．クラウディングの性質について，アルトマンはプライバシーの観点から位置づけ，個人やグループがインタラクション（相互作用）を自ら制御することで他者との境界を作るプロセスであると述べている（図3.3.7）．すなわち，望ましいものとして求められるプライバシーは，パーソナルスペース，テリトリー，言語的・非言語的行動を手段として獲得される．獲得されたプライバシーと，望ましいものとして求めたプライバシーとの間に差がない状態が，プライバシーの最適なレベルとなる．一方，避難所のように，その人が置かれた他者との空間的状態が望ましい状態よりもプライバシーが過小である場合，主観的に密度の高い感覚であるクラウディングが感じられる．逆に高齢者の一人暮らしのようにプライバシーが過多な場合，他者と離れ，社会的に疎外された状態として感じられる場合もみられる．プライバシーの過小・過多な状態は，どちらも他者との空間を調整するという点で，プライバシーの獲得行動の原因となりうる[4]．

　クラウディングとプライバシーについて，ラポポート（A. Rapoport）は，感覚上ではクラウディングは他者との望まない相互作用により生じる過剰

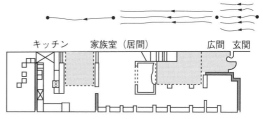

図3.3.8 アレグザンダーの設計にみるプライバシーの勾配（文献[7]，p. 351 より転載［訳語を一部変更］）

な負荷である一方，プライバシーとは，望まない相互作用を避けるために自ら相互作用を制御できることであると述べている[11]．たとえばロダン（J. Rodin）らは，実験でエレベーターに4人を乗せた場合，操作パネルの前に立つ場合に，同じ前方でパネルのない側に立つ場合よりも混雑感が少なくエレベーターをより大きく感じることを示している[12]．

　このようにクラウディングとプライバシーは，自己と他者との間の物理的な密度を，その状況の望ましさ，制御可能性，身体的・感覚的・心理的な負荷という主観的な観点から捉えたものであり，密度と単純な対応関係にはないことがわかる．

　これまでみてきたパーソナルスペース，テリトリー，クラウディングは建築学ではいずれも重要な概念であり，個人の住居や公共空間でいかにしてデザインしていくかが建築家にとっても工夫のしどころである．たとえば「パタン・ランゲージ」で知られるアレグザンダー（C. Alexander）は，プライバシーを段階的に強くしていく勾配をつけた空間配置による住宅設計を提案している（図3.3.8）．より公に開かれている玄関から，広間，家族室，台所と，一連なりの空間が奥に進むほどプライベートな空間になるように設計している[13]．

〔佐野奈緒子〕

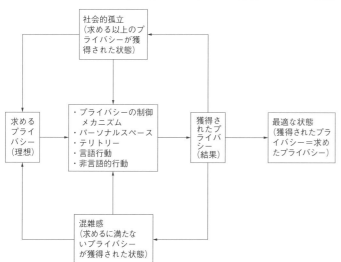

図3.3.7 アルトマンによるプライバシー・パーソナルスペース・テリトリー・クラウディングの関係性モデル（文献[8]，p. 7）

3.4 人間–空間生態系を考慮した デザイン

都市の中でベンチを共有する場合，ホール（E. T. Hall）の示した対人距離をとったり，互いの視線が交わらないように身体の向きを変えたりする（図3.4.1）．

ここでは，前節の人間–空間生態系を考慮したデザイン事例を人と人との交流のありようから解説する．

1) ソシオペタル／ソシオフーガル

カナダの精神科医オズモンド（H. Osmond）は，精神病院における患者と椅子のレイアウトを観察し，通路の壁を背に配された椅子は患者どうしが会話を交わしにくく，それが患者にとって症状の改善を妨げる場合もあるのではないかと考えた．そしてソマー（R. Sommer）に協力してもらい，患者どうしの交流を促すような椅子のレイアウトを加え，患者の症状に応じた適切なプライバシーとコミュニケーションの調整を試みた．

このような人と人との交流のあり方に着目したオズモンドは，交流を促したり妨げたりする椅子のレイアウトや空間的な性質について，次のような用語で表現している．

●ソシオペタル（socio petal）

誰かと一緒に楽しくお喋りなどがしやすい場所にはどのような特性があるだろうか．

複数の人が対面して，視線を感じ，互いの表情がよみとりやすい場所では，気持ちも和んで会話が弾みやすいだろう（図3.4.2）．

それぞれの身体の向きが自然に向かい合うことで互いの視線が交錯するような場所は，コミュニケーションがとりやすい．交流を望む場合は，知らない人どうしでも会話がはじまるきっかけになるかもしれない．

このように人と人との交流を促すことやその空間配置をソシオペタル（社会求心）とよぶ．

●ソシオフーガル（socio fugal）

ひとりで仕事や読書，くつろぐことなどがしやすい場所はどのような特性があるだろうか．

図3.4.1 互い違いに着座してベンチを共有する

図3.4.2 交流を促す（ソシオペタル）

図3.4.3 交流を妨げる（ソシオフーガル）

他の人と対面せず，視線を感じず，ある程度隔離された場所では，仕事や読書に集中できたり，ひとりでくつろいだりしやすいだろう（図3.4.3）．

他の人が近接して着座する場合にも間に障壁があったり，身体の向きが自由に調整できたりすることで互いの視線が交錯しないような場所は，プライバシーを確保しやすい．交流を望まない場合は，知らない人どうしがあまり干渉しあわないようにすることができる．

このように，人と人との交流を妨げることやその空間配置をソシオフーガル（社会遠心）とよぶ．

●適用事例

都市における人と人との交流のありようを考慮した空間デザインには、どのようなものがあるだろうか。

(a) 突起のあるベンチ

(b) 間仕切りのあるロングシート

(c) 色分けと段差のあるソファ

図 3.4.4 複数で共有する

多くの人々が空間を共有して暮らしている都市では、他の人との一定の距離（個体距離）を保つスペーシング（距離調整）を考慮する必要がある。また個人や集団にとって必要なパーソナルスペースやテリトリーは場所や状況、対人関係によっても変わるものであり、距離の設営の仕方によってプライバシーやコミュニケーションが強化される。

たとえば広場や公園などでみかける突起などを設けたベンチは、ソシオフーガルな設えともいえる。これにより、他の人とベンチを共有するという行為を促し、ひとりで占有して横たわる行為も妨げやすい（図 3.4.4(a)）。

電車のロングシート（縦座席）は、閑散時は両端から座り、次にその中央に……の順で座席選択され、他の人との「間合い」をとって座る傾向がみられる。一方、間仕切りを設けた場合は、ロングシートの両端から座り、次に仕切りを境にその左右に座ることが多く、混雑時にも座席定員数で着席しやすい設えである（図 3.4.4(b)）。

室内の休憩スペースに配されたソファなどは、座面を色分けしたり、段差を設けたりすることで、複数で共有しやすい（図 3.4.4(c)）。

ソシオフーガルな例を示してきたが、実際の空間では、対象とする人数や目的などから、交流を促す配置と妨げる配置が混在する場合（図 3.4.5）、またどちらか一方の配置のみの場合もある。都市における空間デザインとしては、常に交流を促すこと（ソシオペタル）が好ましく、交流を妨げること（ソシオフーガル）が好ましくないのではない。コミュニケーションとプライバシーなどのバランスを考慮して、ソシオペタルとソシオフーガルを場面や場所、状況などに応じて使い分けることが重要である。

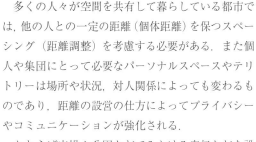

図 3.4.5 利用目的によってソシオペタル／ソシオフーガルな選択ができる

2) 場 所 選 択

都市の中で利用する広場，公園などのような公共空間では，どのような場所を選んで座るだろうか．

(a) 待ち合わせる

(b) 屋外でくつろぐ

(c) 椅子を自由に移動できる

図 3.4.6　場所選択

たとえば密集した場所で友人との待ち合わせる場合，どのように待つだろう．すでにそこで待っている人たちから，ひとりだけ離れるよりも，その人たちのそばで待つことが多いのではないだろうか（図3.4.6(a)）．屋外でくつろいだり，食べたりする場合も，自分と同じ行為をする人のそばでは安心して行えることが多い（図3.4.6(b)）．

このように，他の人とできるだけ距離をとろうとする排他的なスペーシングだけでなく，距離を近づけようとする協調的なスペーシングによる場所選択もある．

ある美術館では，各自が椅子を自由に移動して，中庭のアートを眺めたり，木陰で佇んだりするなどの場所選択ができるように設えられている（図3.4.6(c)）．

●眺望・隠れ場理論（prospect-refuge-theory）

人は眺望できる高所や，自分の姿を隠したまま周囲を見渡せるような環境を好むものである（図3.4.7）．英国の地理学者アップルトン（J. Appleton）は，オーストリアの動物行動学者ローレンツ（K. Z. Lorenz）の研究から，prospect（眺望）と refuge（隠れ場）が共存する場所が好まれるとしている．すなわち，周囲の状況把握のために見晴らしの良い場所を確保することや，自分の姿を隠して相手の動向を把握する隠れ場は，相手から逃れるためには必須であった．自分の姿は隠して相手（捕食者）の姿を確認できる場所が生息地としての条件であり，人が「美しい」と感じる景観の構図についても同じような条件があり，風景画などもその事例としてあげている．人はこれらの眺望と隠れ場の2つが混在する景観を眺めると，安全や安心感，快適感が呼び戻されて美しいと感じるのであろう．　　　　〔小林美紀〕

図 3.4.7　眺望と隠れ場との共存

3.5 環境の認知

あなたがよく通る道をほかの人に説明しようとするとき，どのようなことを思い浮かべるだろうか？たとえば，通っている学校への最寄駅からの道のりを説明しようとするとき，あるいは，アルバイト先で，客から電話で場所を聞かれたときなど様々な場面が想定される．

どこをどのように通るのか？　目印はなにか？知りたいことはなんだろう？

もしくは，あなたが初めて訪れる場所へ向かうときにはどのようなことを考えるだろうか？　目的地の最寄駅だろうか？　そこまでの交通機関の利用のしかただろうか？　現代であれば，地図アプリなどを利用することで解決するかもしれない．

本節では，そのように身近なことに関して，都市空間などの環境の認知，その構造，そこでの探索，そして，環境を把握するまでのプロセスを考える．

1）　頭の中の地図

本節の冒頭で考えたようなことを wayfinding（経路探索）とよぶ．それをするためには，頭の中に空間的イメージがあるということになる．

この「頭の中にイメージがあること」をはじめに指摘したのが，アメリカの認知心理学の先駆けともよばれる研究者トールマン（Toleman, E. C.）である．

当時の主流派の行動主義心理学は「刺激-行動」反応の結合が行動であるとしていた．しかし，それとは対照的な立場のトールマンは，1930 年代にネズミを用いた実験を行った．この実験ではネズミに通路を体験させ，スタート地点からエサのあるゴールへの道筋を学習させる．次にスタート地点とゴールの場所は同じだが，そこまでの道筋は異なる装置に学習をしたネズミを入れた．すると，大半のネズミはエサのあるゴール地点へ直線的に進んだのである（図 3.5.1）．

となると，ネズミには学習した道筋だけではなく，空間の関係性を理解しているようだ．刺激と反応の関係では説明のできないこの状況を，認知地図（cognitive map）という概念で説明した．

つまり，ネズミは装置を学習した結果，空間の関係（スタートとゴールの位置関係）を地図のようなイメージとして記憶したのである．

2）　環境の構成
●環境のイメージ

イタリア・フィレンツェの街並みの美しさに感銘を受けた都市計画家ケヴィン・リンチ（Lynch, K.）は「美しくて快適な都市環境」のあり方について考えた[2]．そして「市民が彼らの都市に対して心に描いているイメージ」（＝イメージマップ，image map）を調べることにより都市の「視覚的な特質」について分析した．その結果「わかりやすさ legibility ということが都市環境にとって決定的な重要性をもつ」と主張し，その応用を示そうと『都市のイメージ』という一冊をまとめた[2]．

調査対象の 3 つの都市（ボストン，ジャージー・シティ，ロサンゼルス）それぞれの街に住む被験者を対象にインタビューをし，以下のような指示をし

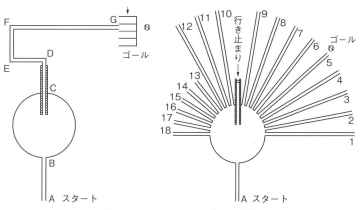

図 3.5.1　トールマンのネズミの実験[1]

た.

> ・その街をイメージするものを聞き，描写させる.
> ・初めてその街を訪れる人に説明するような気持ちで街の中心部の地図を描かせる（スケッチマップ）.
> ・毎日の通勤の際に通る道筋を説明させる. など

それらの調査から，リンチは，以下のように分析した.

まず，都市の眺めの明瞭さ，あるいはわかりやすさ（legibility）―「人々が都市の各部分を認識し，さらにそれらを一つの筋の通ったパターンに構成するのがたやすいということ」[2]の重要性を訴えた. そして，環境のイメージの成分を3つあげた. アイデンティティ，ストラクチャー，ミーニングである. 3つの成分は以下のように定義されている.

アイデンティティ（identity），そのものであること.

ストラクチャー（structure），構造

ミーニング（meaning），意味

イメージの3つの成分は同時に現れるものであるが，ストラクチャーとアイデンティティは物理的操作に関して説明するときに用いられる. この2つの物理的特質を示すためにイメージアビリティ（imageability）ということばで，物体に備わる特質，「観察者に強烈なイメージを呼び起こさせる可能性」[2]を示した.

ミーニングは社会，歴史，機能，個人などの要因からなり，物理的形態から独立した領域をなしているとしている.「都市のイメージ」では「イメージの物理的な明瞭さに集中して」「意味は切り離す」としている. しかしながら，都市は非常に多くの様々な人々が，活動する場であるという性質上，「意味」とは完全に切り離すことはできていないように思われる.

さらにリンチは都市を構成する物理的な要素を5つに分類した（図3.5.2）.

①パス（path），移動路　時々通る，もしくは通る可能性のある道筋. 街路，散歩道，運送路，運河，鉄道など.

②エッジ（edge），境界線　パスとしては用いない，あるいはパスとはみなさない，線状のエレメント. 2つの種類の地域の間の境界. 漠然とした地域を1つにまとめる役割. 海岸，鉄道線路の切通し，開発地の縁，壁など.

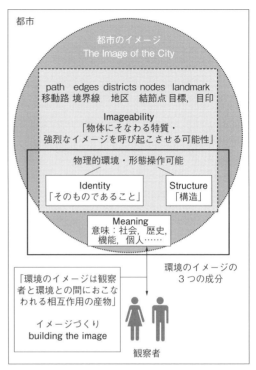

図3.5.2　『都市のイメージ』[2]より筆者作成

③ディストリクト（district），地域　2次元の広がりをもつもの. 物理的な特徴はテーマが連続していること. 階級または人種差による地域. 官庁街，下町の商店街，銀行街，市場街，公園など.

④ノード（nodes），結節点　都市の重要な焦点. 代表的なものはパスの接合またはなんらかの特徴の集中によってできたもの. ロータリー，駅，交差点，広場など.

⑤ランドマーク（landmark），目標，目印　特異性，つまり周囲のものの中で一際目立ち覚えられやすい何らかの特徴」.「明瞭な形状をもち，背景との対照が著しく，またその空間的配置が傑出したものであれば，ランドマークは一段と見分けられやすいものとなり，意義深いものとして選ばれやすくなる. 特徴的な建物，大きな建物，塔など.

イメージアビリティがあり，これら5つのエレメントがバランスよく相互関係（element interrelations）することにより構成されていると美しい都市たりうるとする. また，都市計画の手がかりとして，部分と全体の相互関係をおろそかにせず，また，時間的な連続なども考慮した「全体としての感じ（The Sense of the Whole）」の重要性も指摘している[2].

●シークエンスとデザイン

　リンチの研究を引き継いで発展させたフィリップ・シールは，ノーテーションという手法を用い，都市空間を歩いているときの環境の状態および人間の行動・心理状態の連続を表現した．

　ノーテーション notation（記譜法）とは，辞書によると「音楽の記譜法や数学の記数法など特定の記号・符号による表記法（『大辞林』）」である．そこから，身体の動きを記録するために様々な表記法が現れてきた．五線譜上にバレエの動きを記録するベネッシュ・ノーテーションや舞踏家のルドルフ・ラバン（R. Laban）によるラバノテーション[3]などの舞踏記譜法である．ラバノテーションの記譜は動きに合わせて下から上へと読んでゆくのが特徴だ．

　ランドスケープ・アーキテクトのローレンス・ハルプリン[4]は空間の中での人々の動きをデザインしようと試みた．ラバノテーションにヒントを得た，モーテーション motation（move 人の動き＋notation 空間の記述）という手法だ．

　モーテーションは「三次元的な視覚体験を抽象的に表現した」「新しいシンボル体系」とした．ともに下から上へと読むようになっている．この手法を用い，ハルプリンはニコレット・モールをはじめとする作品群で，利用者主体の賑わいのある環境の創出をした．

3）　経路探索（wayfinding）

　本節の冒頭で述べたような，環境における探索について考えてみよう．現代の都市は巨大で複雑だ．物理的な変化のスピードも著しい．たとえば，東京駅，新宿駅，渋谷駅などの複数の路線が乗り入れる巨大なターミナル駅は初めて訪れる人になっては迷宮のようにも感じられるかもしれない．よく利用する人でも自分が利用するところ以外はわからなくなっているかもしれない．

　そのような環境の中で，現在いる場所から目的地へとたどり着くという問題解決の方法が探索行動 Way finding だ．Wayfinding は，「経路探索」とも訳される．人が徒歩で目的地に向かって移動することである．初めて訪れる場所，スタート地点から目的地が見えない場合など，特に環境の情報が不足している場合の問題解決の方法に研究の興味が集まる．

●様々な民族のナビゲーション

　現代人の多くは地図やスマートフォンを利用して移動をするが，そのようなツールを利用しない独自のスキルを利用する，優れた移動能力をもつ人たちが世界各地にいる．たとえば，ミクロネシアやポリネシアなどで移動手段にカヌーを用いる人々（カヌイスト），北極地に住むイヌイットなどがあげられる．

　カヌイストは，スターコンパスを利用する伝統的な航海術をもつ．それは，目的地の方向を，特定の星が昇るまたは沈む方向と結びつけるものである．目印のない大海での航海には北半球では色々な地域で北極星を目印にすることも多かった．

　また，雪原という単調な景観にかこまれ，ブリザードの季節には天体を目印にすることもできない厳しい自然条件の中で，イヌイットは自然の地形によるランドマークを利用する．彼らは彼らをとりかこむ環境に対して，視覚的特徴を見極める能力に優れている．また，彼らの言語には彼らの環境を詳しく説明する単語が数多く見られる．位置関係にかかわる要素が入っているので，彼らの言語だと3つの単語で表せることが英語だと20語になるという[5]．

　位置にかかわる言語の例では，アボリジニの言語の中には，相対的な位置関係を示す「前」「後」「左」「右」に該当する単語をもたずに，モノの位置をすべて絶対的な位置関係を示す「東」「西」「南」「北」で表すものもある[6]．

4）　環境の把握
●空間認知の傾向

　現代に生きるわれわれには，空間を知覚・認知するときの傾向がある．ここではそのいくつかにふれてみたい．

　まず，水平垂直に反応しやすい，つまり直交グリッドをもって環境を理解する傾向にあり，斜めを避ける傾向もあるという．その理由の1つとして，認知心理学者のバーバラ・トベルスキー[7]は，人間の身体が左右対称であり，二足歩行のため，起きている間は重力の影響を受けているからと主張している．

　また，頭の中でモノの見え方を回転（メンタルローテーション，mental rotation）させる認知的機能をもつ．同じものでも見る角度によって，見え方が異なることを想像することだが，回転の角度が大きいほど反応時間も長いことが示されている．このスキ

ルは実験室だけでなく，文字を逆さから読む，パズルを解く……など日常生活でもそれを使っている．

また，鳥の眼・アリの眼という表現がある．俯瞰をした，いわゆる「地図」を鳥の眼，地面に立つ人間の眼の高さでの見え方をアリの目とする．前述のハルプリンによるモーテーションは地上を歩く人の視点から設計を考える手法である．地図は上空から地面を見下ろした見え方となり，実際に環境の中を移動する人の視点とは異なる．地図に表現されたことを理解するには，その像を頭の中で回転させて，実際の環境の見え方と一致させる必要がある．

●スケッチマップ

われわれの頭の中のイメージ，すなわちイメージマップをどのように発達させるのか．しかし，人間の頭の中にもつイメージを直接に見ることはできないし，そのイメージのもち方も多様だ．そこでとられた手法の1つがスケッチマップ研究だ．初期の研究はアップルヤード[8]のベネズエラのシウダーグアヤナ市の居住者に描かせたスケッチマップに関するものだ．それらは連続タイプの地図（sequential map）と空間タイプの地図（spatial map）に分類され，さらに4つのサブタイプに分類された．都市での居住経験が増すにつれ，認知地図が連続的なものから空間的なものになると仮説を立てた．

●ルートマップ，サーベイマップ

子どもの手描きの地図の分類から，空間認知の発達を読み取るという研究がある．

ルートマップ（route map）とは，たとえば，家と学校を結ぶ通学路の移動の道筋を線的に描くものだ．移動の経路と目印はほぼ正しいが，方向や距離の正確さは欠ける．小学校低学年程度の子どもの言語習得や描画力，行動空間のひろがりなどの因子による描き方である．子どもの発達に従い個人差はあるが，小学校中学年程度からサーベイマップ（survey

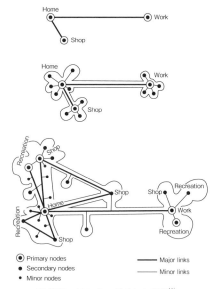

<ul>
<li>⊙ Primary nodes</li>
<li>● Secondary nodes</li>
<li>• Minor nodes</li>
</ul>

― Major links
― Minor links

図3.5.3 アンカーポイント仮説[10]

map）とよばれる，面的な広がりをもった，より正確な地図を描くようになる[9]．

●アンカーポイント仮説

ルートマップからサーベイマップへの発達の過程は，アンカーポイント仮説に近似するようにもみえる．アンカーポイント仮説とは，レジナルド・ゴリッジが，新しい環境で生活をしてゆくために，どのようにその環境を学習していくか，認知地図の形成過程について考えたものだ[10]．第一段階は，家と職場と生活必需品を調達する店とそれらをつなぐパスからなる．第二段階は，日常的に往復する過程で，周辺のさまざまなエレメントを学習し，よく訪れる地点（＝ノード，結節点）をアンカーポイント（投錨点）とし，その周辺に面的な広がりをもつ（図3.5.3）．

これは，認知地図が構成される順序を段階的に説明している点で，魅力的な仮説の1つといえよう．

〔林　久美〕

●コラム　山手線のイメージ

●山手線のイメージ

山手線—東京の中心部をかこむ巨大な環状線だ．停車駅は全 30，大きなターミナル駅が複数あり，路線距離 34.5 km，一周の所要時間はおよそ 1 時間である．

図 3.5.4 は実際に山手線（大塚-田町間）を日常的に利用していた，大正生まれの 90 代女性による山手線のスケッチマップだ．この図のように，従来，山手線のイメージマップといえば円形を思い浮かべる人は少なくなかったと思われるが，実際は，図 3.5.5 のように，心臓，いちご，足の裏……などと表現されるようなかたちである．そして，山手線での移動の実際は一方向へ進むという体験になり，環状の線路を移動するという実感は乏しいだろう．しかし，JR 駅の切符売り場や web のアクセスマップなど，現在でも円形で表現されているものを目にする機会はある．多くの人が山手線のイメージに円形を思い浮かべる条件はある程度整っているようにも思える．

●デバイスの進化と認知地図

筆者はあるとき，学生の描く山手線のスケッチマップが環状にすらなっていないものをいくつか発見した．

近年における情報通信技術の著しい発達やモバイルデバイスのめざましい普及により，経路探索の仕方に変化が現れてきているようだ．認知地図をもつことが円滑な経路探索の助けとなると考えられてきたが，デジタルネイティブ世代では，それが変化してきたようである．慣れた場所でも初めての場所でも，線的なあるいは面的な把握をせず，点（現在地，目的地，経由地）のみの情報しかもたずとも，円滑な移動が可能になった現代において，そのありようが変化してきたのではないだろうか．図 3.5.6 は都内在学のデジタルネイティブ世代に山手線のスケッチマップ描画アンケートを行った結果である．描画の類型は地図として正確なものは少数で，簡略化された図が主であり，方位，駅の順番，山手線と中央線の関係性については，地図としてみたとき，崩壊しているともいえそうなものが少なからず見受けられた．

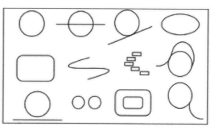

図 3.5.6　山手線の描画の類型[11]
—閉じた形（円／円に串刺し／円に接線／四角）
—閉じた形になっていない
　（ラインに駅名（蛇行を含む），駅名の羅列）
—山手線と中央線を独立して描く
—その他少数派ではあったが，きわめて特徴的な描画二重の
　円を描き，それが山手線と中央線／独立した 2 つの円それ
　ぞれが山手線と中央線／円グラフなど

描かれた形の大まかな分類は図 3.5.6 のとおりである．

従来想定されやすかったスケッチマップと大きく異なる図が出てきた理由として，都内移動における山手線利用率低下が考えられる．関東圏の地下鉄路線の増加や鉄道相互乗入は大きな要因となろう．かつて，東京の大きな構造である山手線を把握することは，都内の移動をスムーズにする，いわば "常識" であったのかもしれない．アンケートの結果からも近年進んだ鉄道各社の相互乗入の利用やモバイルデバイス利用が日常的であることも把捉できる．

●今，"自分" が "どこ" にいるのか

従来型の経路探索において，自分の現在地の把握が重要だったように思う．現代は，目的地へ行くために "地図" で確認をし，プランを立て実行するという一連のアクションをせずともナビゲーションをしてくれる道具が身近にある．空間の知識を自ら保持することの重要性が相対的に低下していると考えられる．1980 年代終盤に話題となった CCV（control configured vehicle）という概念で造られた実験機（NASA の X-29）は尾翼がなく主翼も小さく逆向きについているようにも見える．コンピューターが正常に動作していれば，この機体は安定しているが，その制御が利かなくなったら不安定になる．従来型の飛行機は無制御で滑空させても安定に飛ぶことができるという[12]．さて，この例を引き合いに現在進んでいる認知地図をもたずして移動をすること，あるいは認知地図の外部化はこれから私たちの社会に何をもたらすのだろうか？

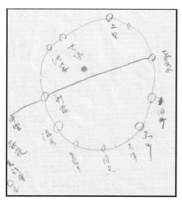

図 3.5.4　90 代女性による描画

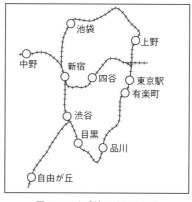

図 3.5.5　山手線の地理的な形

〔林　久美〕

3.6 場所の意味

「ここは自分にとって思い出の場所なんだよ」と友人にいわれたとき、確かにその場所は、友人にとっては特別なのかもしれないが、自分にとってはそうでもないな、と感じることは少なくない。また逆に、自分にとって特別な場所が友人にとってもそうかどうかはわからない。このように、人間と空間との関係には、ある特定の空間が、ある特定の人達と、より強く結びついている場合がある。ある場所に建物を計画する場合も、すでにある建物を取り壊す場合にも、その場所と結びつきのある人達のことへの配慮を忘れてはならない。ここではある場所が、なぜある人達にとって特別なのか、場所の意味について考えてみたい。

1) 居 場 所

「自分の居場所」という言葉がある。「自分の」というくらいだから、「居場所」とは何か自分にとって特別な場所に違いない。それでは居場所とはどのような場所だろうか。藤竹[1] は居場所を「人間的居場所」と「社会的居場所」に大別している。前者は、自分であることを取り戻すことができ、安らぎを覚えたり、ほっとすることができたりする場所であり、後者は、自分が他人から必要とされ、自分の資質や能力を社会的に発揮できる場所であるとしている。すなわち、居場所とは、自分がその場所にとどまることが周りから認められていて、しかもそこですごすことで肯定的な感情の得られる場所と考えられる。

たとえば自宅や自室などの空間は、先に紹介された自分のテリトリーであり、自分のプライバシーが守られる排他的な空間である。このような空間では、環境からの様々なストレスを被ることなく羽を伸ばせるし、どんな行動をとるのも自由である。自分にとって居心地のよい場所、長くいても最も疲れない場所である。

しかしながら、たとえ自宅や自室でも、家族関係が険悪だったり、家族から疎外されていたりすれば、そんな場所では心理的な充足を得ることはできないし、ストレスばかりが溜まって、ここには自分の居場所がないと感じることになるだろう。すなわち、この場合、「社会的居場所」ではあっても「人間的居場所」ではないといえる。

それでは自宅や自室以外ではどこが居場所になるだろうか。誰のものでもない広場や公園でも、その場所でしばらくすごしていると、自分と同じようにそこに来た人達とのちょっとした挨拶やふれあいで、あるいは、利用している人達の姿をただ眺めているだけでも、肯定的な感情が得られるならば、そこは自分の居場所とよべるだろう。

●サードプレイス

自宅や、職場・学校など、普通に自分の居場所となるであろう空間のほかに、それらとはまた異なる空間で、異なる人間関係の形成が期待される、心地よい第三の居場所のことをサードプレイスとよぶ。

これには、前述した広場や公園などのほか、カフェや居酒屋、集会所などが該当する。レイ・オルデンバーグ[2] によれば、サードプレイスには下記の8つの特徴があるとされる。

- ① 中立領域
- ② 平等主義
- ③ 会話が主たる活動
- ④ アクセスのしやすさと設備
- ⑤ 常連や会員の存在
- ⑥ 控えめな態度と姿勢
- ⑦ 機嫌がよくなる
- ⑧ 第二の家

すなわち、誰もが自由に気軽に参加でき、参加者に上下の関係がなく、常連の参加者が新しい参加者を歓迎し、お互いを尊重して会話を楽しむことで、心理的な充足が得られる場所である。

近年は、都市や地域の快適性や、生活質の向上のため、このようなサードプレイスを含む居場所となりうる空間の創出が、都市計画やまちづくりの現場で多く取り組まれている。特に2020年からのコロナウイルスの蔓延によって、職場を代替するテレワークを行う場所としても、サードプレイスは注目されてきている。

2) 場 所 愛 着

さて、ここで居場所を含む自分達の日常生活について振り返ってみよう。多くの人々は、自分の居場

所である自宅から学校や職場に出かけ，帰りにはカフェで友達と話したり，近くの公園でくつろいだり，それこそ自分のサードプレイスに立ち寄ったりして帰宅するだろう．

ただ，そんなありふれた暮らしも，最初から居場所があったわけではない．今でこそ自分の暮らしている場所や街での生活にすっかり慣れているとしても，住みはじめた最初の頃には，生活のすべてにストレスを感じていたはずである．たとえば，郵便局や銀行の場所がわからないとか，どこをどう通ったら自宅に帰りつけるか自信がないとか，右も左もわからず苦労した経験は，誰もが覚えがあるだろう．そして，次第に生活に慣れてくると，ここはまっすぐ行くより右に曲がったほうが近いとか，あの店よりこちらの店のほうが美味しいとか，その街に関する知識や経験が増えてくる．さらに近所の人達と挨拶を交わしたり，町内の防災訓練に参加したりするようになれば，次第にここが自分の街だという感覚が育ち，自分の居場所も増えてくる．

場所愛着とは，そのような肯定的な感情に基づく，人々と場所や街との持続的な関係，結びつきを示す．場所愛着が強ければ，それが自分自身の生活環境全体への評価や，生活の質を高めることにもつながり，また，その場所や街をよりよくしていこうという気持ちの原動力にもなる．

さて，場所愛着は様々な側面のある多元的な概念になると想定されるが，小俣は表 3.6.1 に示すように，その構成要素を，感情的次元，認知的次元，行動的次元の 3 つに整理している[3]．このうち，感情的次元を，その場所に対する肯定的な感情そのものをさす，場所愛着の中心的な次元としている．たとえば，その場所に懐かしさや郷愁を感じたり，その場所を誇りに思ったり，自分がその場所の一員だと感じたりする，それらの気持ちや情動によって表される．

次に認知的次元とは，その場所に対する知識や記憶，評価をさす．ここで知識とは，たとえばこの辺りは昔，一面の梨畑だったとか，他にはいない珍しい昆虫の棲息地だとかの，その場所に関する地理的，歴史的な事柄をさす．また，記憶には，たとえば学校に通うのに使った近道や，友達とよく遊んだ広場など，その場所に関する個人的な出来事の蓄積が，さらに，評価には，この駅は沢山の路線が乗り入れていて便利だとか，この街は山も海も近く自然が豊富で快適などの判断が，それぞれ該当する．

そして行動的次元とは，お祭りや餅まきなど地域の行事へ参加するといったことだけでなく，町内会の役員に立候補したり，一斉清掃の担い手になったりするなど，その場所がよりよい場所であり続けるための維持管理の活動などもあげられる．

● **場所アイデンティティ**

この場所愛着と類似した概念に，場所アイデンティティがある．心理学や社会学でアイデンティティとは，自分とは何者であり，他者とはどこが違うのか，どう区別されるのかという，いわゆる自己同一性をさす．このアイデンティティのうち，場所に関する部分を場所アイデンティティという．すなわち，自分が住んでいる場所や，自分とかかわりのある場所を，あたかも自分のこと，自分の一部のように感じることや，自分とはどういう人間かを考えたり説明したりするときに，そういった場所を用いて表現したりすることなどをさす．

この場所アイデンティティについては，グリニス・ブレイクウエルのアイデンティティ過程理論に基づいて，クレア・ツゥイガーロスら[4]が，弁別化，連続性，自己尊厳，自己効力性の 4 つの特徴によっ

表 3.6.1 人と環境の心理的結びつきのまとめ[3]

構成要素（次元）	対象	仮定されている機能
感情的次元＊：自我あるいは自己から派生する感情，対象への肯定的感情（喪失による哀しみも含む），所属感，懐かしさ，ふるさと感	住まい 地域 学校，遊び場所となった川や森などの自然環境など	自我，自己同一性の確立 心理的安寧や安全感の提供 対象への満足感増大 住環境への安住性
認知的次元：対象に対する知識，記憶，評価	職場 国家	ホームシックなど感情喚起 地域のまとまりの向上
行動的次元：対象への接近，深いかかわり・参加・転出志向		地域再生，防犯

＊場所への愛着の中心的次元．愛着研究では他の次元での指標を従属変数とする研究もある．

て整理している．ここでは場所アイデンティティとはどのような概念か，これらの特徴から見てみよう．

まず弁別化とは，自分の住んでいる場所やかかわりのある場所によって，自分と他者とを区別しようとする感覚のことをさす．たとえば，「自分は関西人だから」とか，「僕たちは江戸っ子だし」といった言い方は日常的にもよく聞かれるが，関西人とは，江戸っ子とはどういう人達なのかという共通認識の上に，その人達と同じ特徴を自分ももっているのだということを主張しているのである．

次に連続性とは，様々な経験や昔あった出来事などが，自分の住んでいる場所やかかわりのある場所に蓄積されていることから，それらを思い出すことで，自分とはどのような人間かあらためて確認することをさす．たとえば，「こんなに長くて急な坂道をよく何年も通ったよなぁ．やはり自分は我慢強いよな」といった感慨は，場所の記憶に基づいて自分の特徴を思い起こしているといえる．

また，自己尊厳とは，自分に誇りをもつのと同じように自分の住んでいる場所や街に誇りをもつ，あるいは，誇れるような場所や街に住んでいることで自分自身にも誇りがもてることをさす．たとえば，「田園調布に自宅がある」とか，「昔，芦屋に住んでいて」などという場合，その場所の高級な住宅地のイメージを自分に重ねているといえる．

最後の自己効力性とは，自分の住んでいる場所やかかわりのある場所だからこそ，自分はいろいろなことができる，といった感覚をさす．たとえば，「よその街とは違ってこの街だからこそ，自分は食べたいときに食べたい物を食べられるし，いろいろなものを安く手に入れられる」という場合，自分の能力が場所と不可分であることによって，自分と場所とが一体的な関係にあることを示している．

このように見てくると，場所アイデンティティと場所愛着とは対応する部分の多いことがわかる．両者の関係について，場所愛着は場所アイデンティティの一側面であるとする見方がある一方で，場所アイデンティティは場所愛着に含まれるとする見方もあるなど，明確な区別は未だなされていない．

また，上述した場所アイデンティティの概念は，主として心理学的な立場からの定義になる．「その場所の個性と他の場所との区別を与えるとともに，区別可能な実態としてそれを認識するための基礎と

して役立つものである」とリンチが述べているように[5]，建築・都市の分野では，地域固有の物的な特徴をさす場合もあることから，注意が必要である．

●場所愛着の形成とその影響

それでは場所愛着とはどのように形成されるのだろうか？　セタ・ロウ[6] は場所愛着が生成，強化されるプロセスに次の6タイプがあるとしている．

① 家系（genealogy）
② 喪失と破壊（loss and destruction）
③ 所有権（ownership）
④ 宇宙論（cosmology）
⑤ 巡礼（pilgrimage）
⑥ 物語（narrative）

たとえば，①はある集落に佐々木さんの親類縁者ばかりが住んでいるなど，集団としての意識と特定の地域とが結びついている場合，③は自分達の住んでいる場所が自分達の所有物である場合に，それぞれ愛着が形成されることを示す．また，④と⑤は信仰などに根差した特別な思いが特定の場所に向けられる場合であり，⑥は人と場所との関係を示す説明（たとえば物語）を何度も繰り返し見聞きすることによって学習する場合である．そして，②はこれまで存在していた場所が失われたり破壊されたりすることによって，その場所への愛着がより一層強化される場合を示す．

一方，場所愛着の強弱によって，人々の態度や行動にどのような違いが現れるか，呉・園田は次の3つを取り上げている[7]．

① 環境態度
② 地域活動
③ 喪失時の悲哀反応

たとえば，①としては，地域の開発計画に対する賛否，②としては，地域の清掃活動への参加が取り上げられ，それぞれ場所愛着の影響が示されている．すなわち，場所愛着が強ければ，その場所への関心が高まり，その場所のことをもっとよく知ろうとするし，その場所を今のまま守る，あるいは，よくするために，自分にできることをやろうとする，そういった動機づけも強くなるものと考えられる．

また，③は，ロウのタイプ②と表裏一体である．すなわち，対象の喪失や破壊は，その場所への愛着を強化する一方，場所との関係性の変化による精神的ダメージは甚大であり，自身のアイデンティティ

も失われる．身体的不調も引き起こしかねず，また，その影響は長期にわたって継続する．

●原風景

場所愛着の対象には，現在，住んでいる場所がなるのが自然だが，過去に住んでいた場所もなりうる．幼い頃にすごした場所を思い起こすとき，人々は懐かしさや郷愁を覚える．これら感覚は場所愛着の感情的次元の1つであることから，このような場所も対象になるのは自明であろう．自分達の成長に重要な役割を果たし，また，忘れがたく感じるこのような場所の風景を，特に原風景という．

ただしこの原風景について呉・園田[7]は，「『原』風景と表現するときは，すでに『今にはない』『ここにはない』ということが含意されている」としている．したがって，原風景とは，すでに失われた，あるいは，失われつつある，喪失や破壊の対象となる場所の風景にほぼ限定されているといえる．たとえば，就職して都会に住むことになってから，ほとんど故郷に帰ることなく長い年月が経った場合や，急激な都市開発などによって，想い出の残るかつての風景が失われた場合などである．

このような原風景には，人それぞれの思い出や出来事に基づいた，それぞれの個人に帰属する場合と，たとえば「日本の故郷」といわれて目に浮かぶイメージのように，ある集団や地域に共有される場合がある．現在，日本は高齢化や人口減少が進んでおり，特に地域の衰退が著しいが，地域固有の特徴を再発見し，それを振興策につなげていこうとする観点から，原風景として共有される具体的な内容があらためて着目されている．

3) 環 境 移 行

前述した場所愛着の対象の喪失には，日常的に経験するものから，突発的なものまで多様な場合がある．たとえば，仕事の都合による転居のほか，大学キャンパスといった学校全体が郊外に移転するもの，津波や火災などで現住地が破壊された場合や，さらに東日本大震災での原子力発電所の事故のように，現住地がそのまま残っているにもかかわらず移転せざるをえない場合もある．また，環境に加えて帰属する社会も変化する例として，国境を越えた留学や移民，難民などの場合もある．

このような，人々がある環境から異なる環境へ移

図 3.6.1 チャイナタウンの例
（シドニー郊外 Fairfield City）

行することを総称して，環境移行という．広義の環境移行には，入学や就職，結婚など，様々な発達段階やライフステージにおける変化も含まれ，そのような場合は所属するコミュニティや人間関係の変化の占める比重がむしろ大きい．

場所が変化する環境移行においては，特にこれまで愛着を強く感じ，自分のアイデンティティの拠り所であった場所，原風景になる場所の喪失が，前述したように大きな精神的ダメージを及ぼす．しかしその一方で，新たな場所での認知過程の進展や行動・経験の蓄積によって，新たな場所アイデンティティ，新たな場所愛着が次第に獲得される．これには新たな環境に対する各人それぞれのキャパシティの多寡が重要であり，適応能力が低い場合にはダメージからの回復と場所との関係の新たな創造は容易ではない．特に高齢者の場合，著しい適応障害の例が米国を中心に報告されているが，急速な少子高齢化に伴い，様々な高齢者施設が増加の一途をたどるわが国においても深刻な問題であり．今後の研究の展開が待たれるところである．

一方，海外移民などの場合，言語や文化を共有する人々が，相互補助や利便性のために集住して生活し，独自のコミュニティを形成することも少なくない．そのような場合，新たな環境へ適応すると同時に，たとえばチャイナタウン（図 3.6.1）などのように場所そのものを自分達の適応しやすい環境に作り変えていくことも多い．これなどは環境を受容するのみならず，人間側から環境側への積極的な働きかけによって，環境移行を克服しようとしている例として捉えられる． 〔西名大作〕

4. 環境の評価

4.1 環境評価研究の意義と
タイプ分類

　環境デザインは，立地条件やコストといった制約の中でより「良い環境」の実現を目標に無数の意思決定を積み上げていく高度な問題解決作業であるといえる．ところがこの目標とすべき「良い環境」は一義的に決まっているわけではなく，設計者の考える「良い環境」はユーザーの考えるそれと同一であるという保証はない．ユーザーにとって「良い環境」を実現するためには，環境を実際に利用するユーザーがどんな環境を望んでいるかを明らかにし，これをしっかりとデザイン目標（要求品質）に織り込むことが不可欠なのである．

　人間環境学の研究領域の１つである「環境評価に関する研究」は，ユーザーの環境に対する評価を心理学の理論や手法を用いて測定・分析し，「良い環境」とはどのような環境なのか，さらにそれを実現するためには具体的に何をどうすればよいのかを明らかにすることで，環境デザインを支援することを目的としている．

　環境評価に関する研究は，その実施されるタイミングと支援の内容により大きく３つに分類される．

① どんな環境をデザインすべきか，ユーザーのニーズを踏まえた適切なデザイン目標（要求品質）の策定支援を目的とする研究．

② デザイン目標の実現に向け，より良いデザイン解（仕様）の探索を目的とする研究．

③ デザイン解の妥当性を確認し対応すべき課題を明らかにするとともに，得られた知見の蓄積を目的とする研究．

　以下，各タイプの研究について概説する．

① デザイン目標の立案支援を目的とする研究

　住宅の設計を依頼された設計者は，設計に先立って施主がどのような住宅を望んでいるかを尋ねる．

目指すべき目標，言葉をかえれば解決すべき課題が明確でなければ，設計をはじめることすらできないからである．面談を通じて施主の要望を把握することができれば，あとはコストをはじめとする様々な制約内でこれらをどう実現していくかが設計者の腕の見せ所となる．

　注文住宅の場合，このように設計者はユーザーでもある施主から直接環境に対する要望を聞き出すことができるが，オフィスや商業建築といった不特定多数の人々が利用する環境については，設計者自身がユーザーのニーズを直接聞き出すことは困難である．このような場合，設計者のとりうる方法は，自身をユーザーの一人に見立て，自身の経験や価値観に基づいて設計を進めるか，リスクを避け，前例を参考にひたすら無難な設計に終始するかのいずれかであろう．しかし目標の設定の仕方に欠陥があれば，どんなに優れた設計スキルをもっていたとしてもユーザーが満足する環境を創ることはできない．環境デザインの対象が多様化し，さらにアウトプットの質が従来に増して厳しく問われる今日，このような設計者の個人的な経験や想像に基づく目標設定に限界があることは明らかである．

　第１のタイプの環境評価研究は，調査という手段によって当該環境ユーザーのニーズを明らかにすることで，的確なデザイン目標（要求品質）の策定を支援することを目的としている．ここで行われる調査は，ユーザーのニーズをユーザー自身の言葉で直接測定することのできるインタビュー調査が利用されることが多い．調査というとアンケート調査が一般的だがアンケート調査では事前に作成する質問項目についての情報しか得ることができず，未知のニーズを発見するという目的には不適である．ただインタビュー調査で明らかになった情報は，定性的なヒントとしては有力であっても説得性や客観性には限界があるし，量的把握が容易といった質問紙調査ならではの強みもあり，両者を上手に組み合わせて利用することが重要である．

さらには昨今，知的生産性や健康影響などデザイン目標の範囲が拡大した結果，ユーザー自身が知覚できないニーズ（非知覚品質）をどう捕捉するかが課題となっており，新たな研究手法が模索されていることも併せて付記しておく．

② デザイン解の探索を目的とする研究

デザイン目標がどんなに素晴らしいものであっても，それを実際に形にすることができなければ「絵に描いた餅」にすぎない．この第2のタイプの調査は，たとえば「落ち着いた空間であること」といった特定のデザイン目標を対象に，具体的にどの環境構成要素をどのような仕様にすれば「落ち着き感」を高めることができるのか，解決策のヒントを提供することを目的としている．

このタイプの研究は，人間環境学に固有の研究というよりは，従来から建築環境工学の分野で行われていた研究の延長線上にある．あえて特徴をあげるとすれば，環境工学分野の研究が最低これだけの水準は維持すべきといった環境の不便・不快の解消を目的とすることが多いのに対し，人間環境学においては「開放感」や「落ち着き感」といった快適側の領域にまで踏み込んでいる点にあるといえる．

いずれにしろこのタイプの調査では，ターゲットとする心理評価に影響を及ぼす環境構成要素（1つとは限らない）を明らかにし，これらの仕様を様々に変化させたときにターゲットとする心理評価がどのように変化するかを測定するという，いわゆる実験という形式をとることが多い．

③ デザイン解の妥当性を知るための研究

ユーザーのニーズを踏まえた適切なデザイン目標が設定され，それらを十分に満足するであろう設計案が得られたとしても，実際に完成した環境が最適環境であるという保証はない．ユーザーのニーズを見落とした可能性もあるし，ニーズに応えたつもりでも不十分かもしれない．さらには採用した新しい試みが思わぬ弊害を生みだしているかもしれない．そこで必要となるのが，入居後評価調査（POE：post occupancy evaluation）とよばれる第3のタイプの環境評価研究である．

新しい環境が完成し，入居後一定期間が経過した段階で，当該環境が計画どおりの環境性能を有しているか，またユーザーのニーズを満足したものとなっているかを，実測調査やアンケート調査によって確認する．調査の結果問題点が見つかった場合には，適切な対応策を講じると共に，そのような問題が生じた原因を把握し，問題の再発を防ぐための対策も併せて実施することになる．

このタイプの評価研究には，特定の環境デザインの妥当性検証と改善に資するだけでなく，これら個々の調査で得られた知見を蓄積することで，より広い視点で環境デザインの質の向上に貢献するという目的もある．実際，自動車などの工業製品の開発現場では，このタイプの評価調査は顧客満足度調査（CS調査）という名称で広く実施されている．不具合対策や改良のための情報を収集するとともに，フィードバックループを回すことで商品開発力そのものを高めていくためである．環境デザインは単品生産がほとんどであるという事情もあってこのタイプの調査はまだ一般化しているとはいえない．ただオフィス建築などでは環境性能や知的生産性に関する知見の蓄積を目的とした共通フォーマットによる評価システムも開発され，実施例は着実に増加しつつある．建築を良質な社会ストックとしていくことが強く求められている今日，このタイプの研究の重要性は今後さらに高まるものと考えられる．

以上紹介したいずれのタイプの研究においても悩ましいのが，評価の個人差の問題である．ただ一口に個人差といってもその差が生まれる背景によって現れ方や必要な対応に大きな違いがある．たとえば子供や高齢者といった心身的特徴の違いによる個人差と趣味嗜好レベルの個人差とでは個人差の内容も対応の必要性も大きく異なる．4.6節では，この環境評価の個人差について，その原因やどのような対応が必要かという観点から解説する．

環境評価研究は人間環境学の中でも特にデザイン実務に近い研究テーマである．デザインされた環境がどの程度良い環境なのか，環境デザインに携わる人々にとっては大いなる関心事であり，えてして評価得点それも総合評価の得点ばかりが注目されがちである．しかし環境評価を研究するに際しては，単にデザインの良し悪しを問うのではなく，何を目的に環境評価研究を行うのか，本節で紹介した3タイプの評価研究のいずれを目的としているのかをしっかりと意識することが重要であることを再度強調しておきたい．

〔讃井純一郎〕

4.2 環境評価の基礎知識

建築の評価に関する法的基準として，「住宅の品質確保の促進等に関する法律（品確法）」にて定められる「住宅性能評価*1」がある．「住宅の〜」を「公共工事の〜」「揮発油等の〜」とした類似名称の品確法も存在し，「品質」とは生産物・役務の良し悪しを表す言葉として広く用いられる．品質マネジメントに関する国際標準規格 ISO9000s*2 によれば，「品質」関連の用語は次のように定義されている．

> ・品質（quality）：本来備わっている特性の集まりが，要求事項を満たす程度．
> ・特性：そのものを識別するための性質．
> ・要求事項：明示されている，通常暗黙のうちに了解されている又は義務として要求されている，ニーズ又は期待．

わかりやすく表現すれば，特性とは対象物の「仕様」，要求事項は「ニーズ」をさし，仕様がニーズを満たす程度が「品質」である．また，定義条文にはないが，要求事項ごとに品質を客観的・定量的に評価したものが「性能」であると理解してよい．

これらの定義から，ニーズには，明示的に要求されるもの（「顕在ニーズ」とよぶ），暗黙のうちに期待・要求されるもの（「潜在ニーズ*3」や「当たり前品質*4」），義務として要求されるもの（「法的基準」「設計与条件」など）があることがわかる．

1) 衆愚設計とは何か

品確法や ISO9000s などの取り組みが進む一方で，注文住宅に関する建築紛争は増加傾向である1)．何が問題なのだろうか．

一般的に家づくりは，作り手がヒアリングシート（入居者の日常生活・デザインの好み・構造・部屋数・広さ・設備など）を用いてユーザーの要望を調べることからはじまる．ここで用いられるシートあるいはヒアリングの内容は，どのような仕様を設定すればよいかを中心とすることが多い．そのため，ユーザーは「私の要望（する仕様）通りに作ってくれた」と感じつつも，完成後に「期待と違う」，入居後に「住むと不満」というケースが多いのではないか．「要望通りだが不満」となる失敗は「衆愚設計」とよばれる．多くのユーザーは仕様が要望通りであればこれを自責と考え，紛争には至らないであろうから，建築紛争の件数はむしろ氷山の一角である．

衆愚設計を生む原因の1つは，要望を調べる対象を「仕様」としていることにある．「仕様」ではなく「ニーズ」を調べなければならない．たとえば，「床をカーペットにしたい」というのは仕様に対する要望であるが，なぜそうしたいかを問えば「足音が気にならないように」などの理由がわかる．この理由の項目が「ニーズ（＝要求事項）」である．さらに足音を気にする理由を聞けば，「仕事で深夜帰宅となる際に家族の就寝を妨げないため」などのさらなるニーズや生活状況が理解できる場合もあろう．

ここで，仕様がニーズを満たす程度が品質であるから，「足音が気にならない」というニーズが満たされるならば，「床はカーペット」でなくとも，たとえば「動線を工夫する」などの代替案でもよいことになる．ニーズを満たす仕様を検討する作業が，すなわち「設計」である．一方，要求事項を把握する作業は「ブリーフィング*5」とよばれる．

---

*1 住宅の品確法とは，1999年に制定された法律．住宅性能表示制度，紛争処理体制，瑕疵担保期間について定めている．住宅性能評価は品質確保を促進するための施策の1つとなっている．

*2 ISO（国際標準化機構）による標準規格は工業製品の標準化にはじまったが，モノの仕様ではなく品質のマネジメントシステムの適正さを審査・認証するための規格が ISO9000s（ISO9000 シリーズと読む）である．公共工事などの受注条件とされる場合も多いため，建設・建築分野の ISO9000s 認証件数は製造業に次いで多い．

*3 実現してはじめて「こういうものがほしかった」とユーザーが気づくニーズを「潜在ニーズ」とよぶ．それまでニーズはなかったのではなく，隠れていた（潜在していた）と考える．ヒット商品を企画するには作り手の思い込みによる提案型（プロダクトアウト）ではなく，ユーザーの潜在ニーズを発掘する姿勢（マーケット・イン）が必要であるとして，1980年代に提唱された概念である．

*4 充足していることが当然であり不充足な場合に不満を感じる品質要素を「当たり前品質」，不充足でも仕方ないが充足すると満足を感じる品質要素を「魅力的品質」とよぶ2)．ふだん意識しない当たり前品質はユーザーが明示的に要求しない場合も多い．

*5 設計対象となる建物に対する要求事項をまとめた文書をブリーフ，ブリーフを作成する作業をブリーフィングとよぶ．ブリーフは発注者の責任において作成すべきものとされるが，専門性を有する作業であるため，設計者側や第三者の支援・代行による場合が多い．

2) 環境評価にかかわる3段階の作業

ニーズ把握と仕様検討はいずれも重要なプロセスであるが，両者を混同してはならない．特に，目標となるニーズが何なのか明らかでないまま仕様検討はできないはずである．

そこで本章では，ニーズの探索・検討を中心とする作業を「4.3 デザイン目標の立案支援」，特定のニーズを満たす仕様の検討を中心とする作業を「4.4 デザイン解を得るために」と別の節を立てている．さらに，完成後・入居後あるいは建築前の設計案がニーズを満たしているか確認（問題あれば発見）する作業が必要である．建築分野ではPOE（入居後評価），より一般的にはCS調査とよばれることが多いが，これを「4.5 デザイン解のPOE」として追加している．なお，ISO9000sには，「顧客満足の監視（モニタリング）」と，その情報の入手・使用の方法を定めることを要求する条文がある．「作りっぱなし」は許されないというわけである．

3) ニーズの構造：目標-手段の階層構造

先の例で「床がカーペット」という仕様により実現したいのは「足音が気にならない」という具体的ニーズであり，さらにそのことによって達成したい「睡眠を妨げない」「健康的なくらし」など，より上位のニーズを想定できる．すなわち，ニーズ項目間には上位ニーズを目標，下位ニーズはその手段として関連づけられた構造があり，全体としては図4.2.1に示すような階層性をもった構造となる．

「仕様（特性）」は階層構造の最下方に位置づけられるが，ニーズと仕様は一対一対応ではない点に注意されたい．図4.2.1の例では，カーペットは「汚れ・カビの付着」というデメリットがあり，「アレルギー等の疾患リスク」を高め，「健康なくらし」という目標に対して負に働く．「見た目」「メンテナンス」などの他の観点のニーズにも影響がある．したがって，特性ごとに縦割りの検討では不十分であり，要求されるニーズを総合的に満たすことが目標となる．

4) 聞けばわかるか：知覚品質と非知覚品質

たとえば「疾患リスクが低い」というニーズに関して，実際の疾患リスクをユーザーは知覚できるだろうか．また，床材が疾患リスクに影響するという構造を自覚しているだろうか．非知覚や無自覚の場合は「暗黙裡に期待・要求される」ニーズとなる．

このように，ニーズや特性の中にはユーザーが知覚できるものと知覚できないものがあり，前者を「知覚品質」，後者を「非知覚品質」とよぶ．特性自体は知覚品質であっても，上位ニーズへの影響を自覚できない（気づいていない）場合もある．

知覚・自覚ができるかどうかは，ニーズ把握や仕様検討の方法を考えるうえで重要であるが，原則としては「聞けばわかることは，聞けばよい」と考えてよい．ニーズ構造のうち知覚・自覚できる部分の把握手段としてはインタビューが第一候補となる．

知覚や自覚ができない部分については，建築実務の現場においては専門家が要検討事項としてニーズを顕在化し，目標とする水準および実現のための仕様検討をユーザーとともに行う必要がある．非知覚品質の性能をわかりやすく表示した「品確法による性能表示」は，この検討に役立つであろう．たとえば，先の「発症リスク」に関して，「（内装材などの）ホルムアルデヒド発散等級」が設けられている．

もちろん品確法だけですべての非知覚品質を扱えるはずはないので，現在も様々な非知覚・無自覚なニーズに関するエビデンスを得るための研究が進められている．その方法論としては，「聞いてもわからない」のであるからインタビューは決め手にならない．4.5節のPOEデータを用いて現実世界における問題の所在や要因・影響すなわち因果関係の探索・確認を行った後，4.4節の方法論により性能評価を行う，という手順をとることが標準的であろう．

昨今，知的生産性，健康影響，幸福度など，建築環境分野の研究ないし設計目標は「聞いてもわからない」分野に問題が拡大しており，また，「行動経済学」など自覚できない行動原理を扱う学問分野が注目を集めている．このような問題へのアプローチが今後ますます重視されると思われる．

〔小島隆矢〕

上位ニーズ（抽象的目標概念）←下位ニーズ（具体的要求事項）← 仕様（特性）

図 4.2.1 ニーズの階層構造の例

4.3 デザイン目標の立案支援

ユーザーが望む環境を設計デザインするためには，ユーザーのニーズを階層的に把握し，それに基づくデザイン目標を立てることが不可欠である．本節では，評価の階層性を探索するための便利な手法である「評価グリッド法」について適用事例とともに紹介する．また，ユーザーの知覚・非知覚品質のデザイン目標を策定する方法についてふれる．

1) ユーザーニーズの階層的把握法

●「評価グリッド法」とは

評価グリッド法は，建築分野における環境に対する利用者や居住者の要求把握を目的に，讃井ら[1,2]によって提案された半構造化面接手法で，ケリー（G. A. Kelly）[3]が臨床心理学の分野における治療や検査を目的として開発した面接手法（レパートリーグリッド法）を，ニーズ把握のためのインタビュー手法として改良・発展させた手法である．現在は，建築分野や心理学の研究に活用されるだけでなく，商品開発やマーケティング分野においても幅広く活用され，評価グリッド法の普及に伴い，本手法にかかわる技法開発や類縁手法が多数報告されている[4,5]．

●ユーザーニーズの階層構造と環境デザイン

評価グリッド法は，「住宅」「テーマパーク」などの対象環境に対して，個人がもつ階層的な評価判断のメカニズムを評価構造として抽出する．その構成は，環境に対する総合的評価を頂点とする階層構造となる．これはユーザーニーズの体系を表し，総合的に良い評価を得る環境デザインを最終的な目標としたとき，階層構造において上位に位置する抽象的かつ価値判断を含む項目は「大局的な設計目標」となる．さらに，中位に位置する感覚的理解レベルの項目は「部分目標」を，下位に位置する客観的・具体的項目はその目標を達成させる「ユーザーが考える手段・条件・具体例」となる．仮に，比較的下位の項目についてのニーズを満足することが不可能であった場合，その下位項目に関連する上位項目（下位項目が満足であることによって獲得される，より本質的なニーズ）を満足させるための代替案を考え

るべきであろう．たとえば，住宅のリビングについて「読書に集中できる」というニーズを満たす具体例（＝仕様）は「照明は白色蛍光灯」であったが，リビングであれば「白色蛍光灯」ではなく，タスクアンビエント照明や壁の色などで工夫する代替案も可能である．評価構造を目標-手段の連鎖構造と捉えることは，ユーザーに媚びる（ユーザーが考える手段で課題解決）のではなく，新たな価値を提供する新しいデザイン解の創出を可能にする．評価グリッド法の具体的な手順は，参考図書を参照されたい[6]．

●「評価グリッド法」の実務適用

評価グリッド法は，効率よくユーザーニーズを抽出し可視化できるだけでなく，複数のユーザーの意見調整やニーズ反映の確認にも活用できる．ここでは，家族の意見調整に適用した実務事例を紹介する．

図 4.3.1 は，ある住宅のリビングにおける夫婦の階層構造の一部である．上位概念（設計目標）はほぼ同じであるが，中位・下位概念（品質特性＝仕様）が異なる．双方のニーズを実現するために，床を妻の希望するフローリングとし，色は壁とともに夫の希望する白とする．さらに妻のためにファブリックや観葉植物を配置することで調整案を導きだした．

このように評価グリッド法によって抽出される階層構造は，ユーザーの真のニーズと具体例を可視化する．新たな価値創造のためのヒントや異なるニーズの意見調整に役立つ便利な手法である．

2) 環境デザインとユーザーニーズ

●要求品質と品質特性

非知覚品質や法的基準も「ニーズ」とよんでも差し支えないが，ニーズという言葉は狭義に「ユーザーが知覚しているニーズ」をさすことも多いため，非知覚や義務的な要求事項を含む場合は「要求品質」という用語が用いられる．要求品質に対応する技術を「品質特性」といい，「仕様」とほぼ同義であるが「特性」は要因，「仕様」はその実現値を含めた

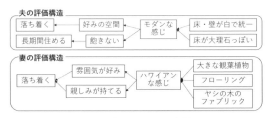

図 4.3.1 夫婦で異なる評価構造

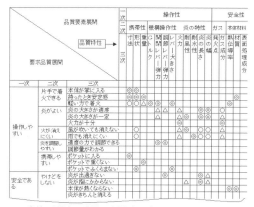

◎特に関連・重要　○関連・重要　△やや関連・重要

図 4.3.2 品質機能展開（QFD）
（超 ISO 企業研究会の図[8]をもとに加筆して作成）

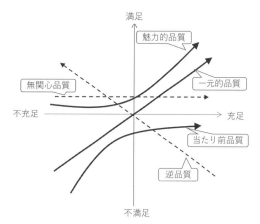

図 4.3.3 狩野モデルが示す5つの品質要素
（狩野モデル[9]をもとに作成）

表現として用いられる場合が多い（たとえば，「広さという特性について，○ m² という仕様」など）．

品質分野では，赤尾[7]が提唱した QFD（quality function deployment，品質機能展開）が普及している．QFD は，要求品質だけでなく品質特性についても階層的な構造として，それぞれ「展開表」の形式にまとめ，前者を表側，後者を表頭とする二元表を用いて設計案の検討を行う（図 4.3.2）．ユーザーのニーズや期待を整理し，技術分野に伝達するための品質管理手法として，製造業やサービス業など幅広い分野で活用され，世界中に広がっている．

● **魅力的品質と当たり前品質**

ユーザーが求めるニーズは，1つの型にはまるものではない．ユーザーが求める品質について狩野[9]は「魅力的品質と当たり前品質」という概念を提唱している（70頁＊4参照）．物理的充足を横軸，主観的満足を縦軸にとり，品質とユーザー満足の対応関係から品質要素を区分するモデルである（図 4.3.3）．

魅力的品質：不充足でも不満にならないが，充足されると満足を与え喜びをもたらす品質要素．
一元的品質：充足されると満足，不充足だと不満を引き起こす品質要素．
当たり前品質：充足されても当たり前と受け取られるが，不充足だと不満を引き起こす品質要素．
無関心品質：充足されても不充足でも満足に影響を与えない品質要素．
逆要素：充足されているのに不満を引き起こしたり，不充足であるのに満足を与えたりする品質要素．

品質要素は，時間の経過とともに変化していく．高ら[10]は，これら品質要素の順序は「無関心→魅力的→一元的→当たり前」という変遷を示すと述べている．つまり品質の動向は，新しい品質要素が市場に登場すると，魅力に感じる人（魅力的）もいれば無関心な人も混在する（無関心）が，やがて，その品質要素が多くの人に支持され市場に定着すると，充足されないと不満を感じるようになる（一元的）．さらに普及が進めば，陳腐化して「当たり前品質」となるのである．以前は「魅力的品質」であったとしても，次第に「当たり前品質」としかみなされず，満足へ影響しなくなるのである．

デザインにおいて満足度を高めるには一元的品質を達成させるだけでなく，専門家としてユーザーの期待に応えるためには魅力的品質を追求することも必要である．特に注文住宅のようにユーザーの好みやニーズを反映した独自の環境デザインが求められる場合では，積極的に魅力や価値を追求すべきである．また，魅力的品質が目標達成されれば，当たり前品質も充足される．その例として，環境庁（現環境省）[11]では生活騒音防止活動を積極的に支持し，全国各地で地域のシンボルとして将来残していきたい音の聞こえる環境（音景色）を認定し，良好な音環境を保全する取組を実施してきた．「騒音がない」という当たり前品質を「音景色」という魅力的品質に転化し，環境づくりの目標とした．環境づくりは，ポジティブ思考で取組むことが望まれる．

3）　ユーザーの知覚・非知覚によるデザイン立案

● **知覚品質のデザイン立案**

ユーザーが知覚できる要求品質（＝知覚品質）は，評価グリッド法を用いてユーザーに直接聞けばよいが，不特定多数のユーザーが利用する環境をデザインする際，すべてのユーザーのニーズを実現するこ

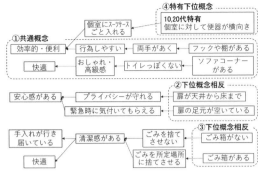

図 4.3.4 駅トイレ空間の評価構造図（部分）
（辻村ら[14] の図をもとに手順を説明する図を作成）

とは不可能である．一方で，特定のユーザーのニーズだけを実現しても満足度は低い．伊丹・辻村ら[12, 13] は不特定多数が利用する駅トイレ空間について，年齢や属性ごとの評価構造図をそれぞれ作成したうえで，評価構造図の言語化されたデータからイメージコンセプトを策定して設計する方法を提案している．トイレ空間の世代別評価構造から作成した図を具体例（図4.3.4）に，その手順を次に示す．

① まず，世代共通上位概念を達成させることを最優先に世代間の共通性に着目し，下位概念の共通項目を仕様・機能として抽出する．
　この例では，共通下位概念の「フックや棚」を仕様として抽出し，共通上位概念である「効率的・便利」を優先的なデザイン目標とした（図中①）．
② 次に，共通上位概念でも下位概念（仕様）が相反する場合は，両方を満たすような代替案を模索する．
　この例では，扉を天井から床までとし，緊急時に気付いてもらえる代替案（たとえば緊急ボタン）を提案することで両方を満たす（図中②）．
③ 一方で，②のように代替案が提案できず，両方を満たせないとき，一方を取捨選択しなければならない．中位概念以上を確認し利用者の行動を抑制しない肯定的価値観を優先させる．
　この例では，「ごみを捨てさせない＝行動抑制」ではなく，「ごみを捨てる＝行動肯定」する価値観を優先し上位概念を達成させる（図中③）．
④ 世代特有の下位概念であっても，上位概念が共通するものは可能な範囲で抽出する（図中④）．

デザイン目標において実現すべきは上位概念であるとしつつも，上位概念は抽象的な言葉で表現されるためユーザーがイメージする空間を把握するのは難しい．そこで上位概念を達成するための具体的なイメージを中位概念と下位概念から確認する．これによりユーザーが望む要求品質と品質特性が整理できる．環境デザインの実現方法は，専門家の経験や知識と照合して最適解を追求する．その際，充足されていても当たり前と感じる環境ではなく，充足されることで魅力を感じる環境を整備していく．図4.3.4 に示す「ソファコーナー」のように現状の駅トイレにはないが，充足することで駅トイレの魅力を向上し，印象を好意的に変化させる概念は積極的に採用し整備することが望まれる．

また，環境デザインは専門家に任せることと勘違いしているユーザーも多い．将来，どのような環境を手に入れたいのか，ユーザー自身も探して見つけていくものである．施設に対する思いを顕在化させ，施設のイメージをわかりやすい物語（ストーリー）として表現していく手法として，丸山ら[15] は評価グリッド法を活用した「T-PALET」を開発しており，現在様々な施設や商品開発に活用されている．

●非知覚品質のデザイン立案

ユーザーが自覚できない・しにくい品質（＝非知覚品質）とユーザーが自覚していても言葉として表現できない要求品質を把握する方法として，小島ら[16] はアンケート調査を統計的に分析し，同じ評価傾向をもつ他のユーザーの言葉で補完することを提案している．オフィスの汚れ感の印象について，自由記述（個別尺度）と SD 法（共通尺度）を併用したアンケート調査の分析結果によると，オフィスビル外観から汚れ感が意識されることは少なく，別の言葉で表現され，建物を考えるうえでのキーワードになるという．このように個別尺度と共通尺度を併用した調査結果を統計分析することで，ユーザーの潜在意識や隠れた思いを見出すことが可能であり，多様化する要求品質についてもユーザーの特徴を類型化することで，要求品質が明確となる．

●建築設計教育におけるデザイン立案

今日の建築系大学の設計課題では，コンセプトや形に重点が置かれる一方，「ユーザーニーズは自由に設定」と軽く扱われやすい．しかし，実務の現場ではニーズを正確に把握できるか否かが設計成否に大きく影響する．今後の建築教育では，ニーズを把握重要性を理解し，そのための技法を習得することが一層重視されるべきあろう．　　　〔伊丹弘美〕

4.4 デザイン解を得るために

ユーザーの要求や価値観が明らかになっても，それを実際に形にすることができなければ「良い環境」は実現できない．具体的な設計に落とし込むためには，ニーズを満たす適切な仕様を決定し，デザイン解としてまとめる必要がある．その際，ニーズに寄与する心理量データとそれを規定する物理量データの関係が定式化できれば，最適解を探すための重要な手がかりとなりうる．物理量データには家具配置などカテゴリカルなものも含む．たとえば，学校で勉強しやすい温熱環境や病院で落ち着けるための光環境，公共空間で聴き取りやすい案内放送など，具体的に何をどのようにすればよいかを知ることができる．本節で紹介する実験による環境評価研究（以降，評価実験と記す）は，特定のニーズに対して環境要素を具体的にどのような仕様にすればよいのか，デザイン解の探索を支援するものである．実験では着目する要因に対して様々に条件を変えながら，各々について人に評価してもらい，集まった評価データを分析することで，どうすればどのような効果が得られるか，あるいはニーズを実現するためにはどこをどうすればよいかというように，デザイン解のヒントにつながる知見が得られる．

1) 建築環境心理分野における評価実験

評価実験では，物理的な状態を変化させたときの心理量を評価させる実験を行うことが一般的である．このとき，いきなり実験をはじめるのではなく，目的に合致した実験計画を事前に立てておくことが重要である．具体的には，要因（変数）の割り当て，評価対象（刺激）の選定，心理評価項目の選定，被験者の選定，データの分析方法などについて検討しておかなければならない．

評価実験は，音，光，温熱・空気という測定可能な特定の物理量を出発点に（物理量が先に決まる），研究対象について評価構造の一部をあらかじめ想定し，その最適値を明らかにしようとする従来の建築環境工学におけるアプローチに近い．一方，建築環境心理分野では，ユーザーのニーズに基づく実現し

たい目標を出発点として（心理量を先に決める），それを解決する様々な物理量について検討するという流れが多い点に違いがある．

評価実験では，着目するニーズの達成程度を表す変数と具体的な仕様に対応する変数のおもに2種類を扱う．前者は人に評価してもらうことによって数値化できる心理量であり，後者は実験において提示される評価対象（刺激）に織り込まれる．評価実験においては，これら両変数を適切に設定することが何より重要である．

本節では，利用者の立場に立った優れたデザインコンセプトを単なる「絵にかいた餅」にすることがないよう，ニーズをデザイン解に落とし込むための典型的な方法である評価実験で留意すべき点についてくわしく解説する．

2) ニーズの階層構造を整理する

評価実験に取り組む前に，ニーズと品質特性や仕様の対応関係を捉えておくという手順が必要である．そのために，ニーズの階層構造を理解し，どのような品質特性がニーズに影響を及ぼすかを整理しなければならない．ニーズに影響する変数は一対一の関係になるとは限らないので，ニーズはどのような変数と結びつくか，因果関係を把握しておくことが重要である．評価構造の全体像を捉えられると，ニーズと仕様の関係性が可視化され明確になる．この手順は，定性的なニーズを実際の変数に置き換えるにあたって，設計者の思い込みによる独断的な要求性能の選定を避けるために有用である．

3) 評価実験の基本的な留意事項を理解する[1]
●適切な要因（変数）の割り当て

ニーズ（あるいは要求品質）に応えるデザイン解（すなわち，具体的な仕様）の検討において，まずはターゲットとするニーズに対応する品質特性を整理する．品質特性と仕様の関連性から仮説を構築することもできる．たとえば，「操作しやすいテレビのリモコン」を考える場合，「操作しやすさ」の印象は心理量として定量化できるが，その値はリモコンをデザインすることに直接利用できない．概念的な要求品質を直接制御することは現実的に不可能である．そこで，「操作しやすさ」に関連しそうな"リモコンの大きさ（形状）"や"重量"，"摩擦係数"な

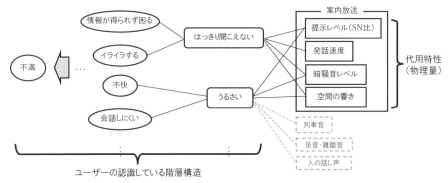

図4.4.1 鉄道駅の音環境に対するユーザーのニーズ（不満）の階層構造の例（評価構造図の一部）

どの品質特性を考える．品質特性は直接測定して評価できるものばかりとは限らないため，その場合，品質特性の代わりに関係性の強い他の品質特性（これを代用特性という）を用いて評価することもある[2]．

評価実験では，どのような代用特性を選択するかが重要な鍵となり，実験における要因（変数）の割り当てにつながる．代用特性の選択においては，ニーズの階層構造の情報を深く読み解くことや，現実の環境で発生している事象を観察することによって，重要な要因を漏らさずに抽出できる．この点について，具体的な評価実験の事例をあげて説明する．

図4.4.1は鉄道駅の音環境の評価構造の一部である．鉄道駅の音環境の不満は「乗りたい列車の情報が得られずに困る」，「イライラする」，「不快である」，「会話しにくい」などの要求品質に関連していることが分かる．「乗りたい列車の情報が得られずに困る」は「案内放送がはっきり聞こえない」ことに関連しており，「不快」は「うるさい」ことに関連している．いずれも案内放送に対する要求品質であるため，聴き取りやすく，うるさくない案内放送が最終的には鉄道駅の音環境の不満を低減させることとなる．「聴き取りやすさ」と「うるささ」に関連する"提示レベル（SN比）"や"発話速度"，"暗騒音レベル"，"空間の響き"を代用特性と考えればよい[3,4]．評価実験では，できるだけ少数の要因に絞ることになるが，このときに研究者の仮説や経験，関心に基づいた考え方が非常に役に立つ．

●**評価対象（刺激）の提示方法**

評価実験における評価対象の提示の仕方は，実験の目的や刺激に織り込む変数によって様々である．実空間で実験を行うことができれば理想的であるが，実空間では対象外の要因の条件を統制することが難しい．そこで，模型を用いたり大画面に詳細画像を映写したり，さらにVR技術を応用したりなど，実空間に近い状況を維持しつつ，様々な刺激を提示するための試みがなされている．また温熱や音にかかわるテーマでは，温度や湿度を調整できる特殊な実験室や，反射音の影響を無視できる無響室が使われることもある．

●**評価対象（刺激）の作成**

実験に用いる刺激は極端に偏ることなく，内容やバリエーションは豊富なほうが望ましい．良い事例ばかりを取り上げるのではなく，良い条件から悪い条件まで広い範囲で刺激を設定することが重要である．また，1つの要因の影響だけを調べるために，それ以外の着目していない要因をできる限り統一的にすることが多いが，その場合，変化させる条件の影響が極端に大きくなってしまう恐れもある．そのため，得られたデータの解釈には注意が必要であり，データとして適用できる妥当な範囲があることを理解する必要がある．

刺激の提示順序も評価に影響することを知っておかなければならない．これを刺激の順序効果という．ある刺激の評価において，人は直前に提示された刺激と比較したり，それまでの評価との整合性を図るためにその時点で提示されている刺激の評価を無意識的に調整したりしてしまう傾向がある．そこで，刺激の提示順序を無作為化する方法や，実験を何回かに分けてグループごとに提示する順序を逆転させる方法など，順序効果の影響を希薄化することが重要である．被験者の疲労を考えると1回の実験で提示できる評価対象の数には限りがある．その限られた数にどの変数をどれくらいの密度で織り込むかも

実験の成否に直結する重要なポイントである.

　実験に際して, 刺激を提示してはその刺激に対する評価（心理量）を測定することになるが, 心理量の測定法にも工夫が必要である. 五段階や七段階などの評定尺度を用いて印象を判断させる方法が一般的であるが, それ以外にも様々な心理学的測定法があり[5], 研究テーマや刺激の提示法に応じて最適な方法を選ぶ必要がある.

●心理評価項目の選定

　同じようなテーマの既往研究で用いられている心理評価項目を調べて, そこから拾い出すことも方法としてありうるが, その既往研究が実験者の判断で採用した評価項目を用いていた場合, それだけではニーズを満たすデザイン解を導くことができない. そこで, 要因の割り当てにおいても重要性を述べたが, ニーズに影響する品質特性の全体像を捉えられる評価構造図は心理評価項目の選定においても大変参考になる. ニーズにつながる品質特性をそのまま評価項目として採用したり, 品質特性間でつながりのある項目も検討したりできる. 評価構造図が得られていない場合でも, 予備調査やヒアリングを行うことによってニーズに関連しそうな評価項目を抽出することは可能である.

●被験者の選定

　評価実験で測定される心理量は, あくまでも人の主観に基づくものであり, 信頼性を確保するためには一定数の被験者について評価データを得て統計的に検証する必要がある. また, 被験者の属性間の評価の差異を把握したい場合と, その差異を最小限に抑えたい場合ではその扱い方は異なる. 実用的な知見を得たいのであれば, 現実の環境を考慮して被験者の属性を統制するとよい. どのような個人差に対してもニーズに応える仕様を導くことができれば理想的であるが, 個人差の種類によって対応方法は異なる場合が多いため, ニーズの階層構造で個人差の有無を理解し, そのニーズを満たすために適した品質特性に着目することも大切な考え方である.

●予備実験の実施

　ここまでの準備が整ったらいよいよ実験である. 本番に入る前に, 必ず予備実験を実施したほうがよい. 自身の仮説に誤りがないか, 刺激や評価方法は適切かなどをここで確認できる. もし, 予備実験で予想と異なる結果が得られた場合は仮説を見直せば

よく, 刺激に対して被験者が評価を困難に感じているようであれば, 刺激や評価項目を改善する必要があると考えられ, 評価データのばらつきが大きければ個人差を考慮する可能性があることがわかる. 実験の実施に際しても, 被験者に何をしてほしいかを的確に伝えるための教示や, 実験の目的を悟られないための工夫など注意すべき点が多々ある. これらについてくわしくは文献[6]をご覧頂きたい.

●データの分析

　評価実験で得られたデータは, たとえば, 横軸に物理量を, 縦軸に心理量を示してグラフ化されることが多い. グラフ化することで, 物理量の変化によって心理量がどのように変化するかを読み解くことができる. また, 心理量を最適化するためには物理量をどのようにすればよいかが把握できる. グラフから傾向を説明するときには, 統計的な検証が必要となることも多い. これらについては文献[6,7]を参照されたい.

4) 得られたデザイン解の適用範囲を知る

●結果の検証

　評価実験は限られた要因の組み合わせの中で最適な仕様を導き出すための手法である. しかし, 実際のデザインにおいては考慮しなければならない要因は無数にある. これらのすべての要因の影響を検討することは不可能である. このように, 評価実験によって導かれる仕様の組み合わせでデザイン解を提案することができるが, それがすべての場面において最適解になるわけではなく, 適用可能な範囲があることを理解しておかなくてはいけない. 最終的には, 実験で扱っていない変数の影響を考慮した判断が不可欠である.

　評価実験のデータを元に仕様を検討し, そこからデザイン解を導いて, そのデザイン解を活用して環境設計を行う場合には, デザイン解の礎となったデータがどのような人を対象に, どのような品質特性に対して, どのような環境条件（場面や状況も含む）において取得されたものかを十分に認識しておかなければならない. すなわち, その適用範囲を明確にしておくべきである. さらに, 提案したデザイン解は適切であったのか, その検証を行うことも重要である. 〔辻村壮平〕

4.5 デザイン解の POE

1) PDCA サイクルとデザイン解の検証

ものづくりの分野で業務を継続的に改善する方法として PDCA サイクルという概念がある．これは Plan（計画），Do（実行），Check（検証），Act（改善）の頭文字からなり，設計計画，生産を経て，生産物の適否の検証で得た知見により一連のプロセスを改善して次のサイクルにフィードバックする．

一般に，高度な工業生産品は，様々な要求や制約条件に基づいて設計される．完成されたものはこれらの要素から導かれた一つの解，つまりデザイン解である．このデザイン解に PDCA サイクルを適用し検証することで，次の設計への有用な知見が得られる．

建築空間の設計では，そのデザイン解の検証は非常に重要である．その大きな理由は 2 点ある．

① 建築は設計時に想定外の課題や新たな要求が使用時に判明することが多い．大量生産を行う工業生産品では試作品によって設計時での検討が可能であるが，この検討は単品生産が一般的である建築空間では難しい．今日では，VR 技術により竣工後の空間を設計時に疑似体験することも可能であるが，五感すべてを体験できないなどの制約も多い．したがって，建築空間の場合は，竣工後の実際の使用状態で検証を行うことが一般的であり，かつ，最も有用な知見を得ることが期待される．

② 建築は長期にわたり使用されるため，設備の老朽化による環境性能の低下や，利用者や利用方法の変化に伴うニーズの変化が生じる．そこで，その建築を適切に維持して利用していくには，その環境性能を随時評価して，改善に活用することが重要である．

2) POE と POEM-O

実際の空間を人が使った状態で行う調査を POE（post occupancy evaluation．居住後調査，あるいは入居後調査）という．POE は 1960 年代半ばに欧米で学校や病院などを対象とした研究としてはじまった．その後，対象が公共住宅などに広がり，1980 年代に入って応用段階に達し，オフィスを対象とした調査が実施されはじめた．プライザー（Preiser, W. F. E.）ら[1] によると，この時期に急速に発展した POE には，そのやり方において以下の 3 つのレベルがある．

① 指摘的（indicative）POE：対象建物を専門調査員が 2，3 日程度の短期間に調査して問題点を指摘する．

② 調査的（investigative）POE：対象建物をより時間をかけてアンケートを含む網羅的な手法で調査する．

③ 診断的（diagnostic）POE：数カ月から 1 年以上の時間をかけて，利用者へのアンケート調査，行動観察，物理測定調査を実施し，長期的な視野から対象の改善のための知見を得る．

わが国でも 1980 年代より POE への関心が高まり，一般の建設会社でも POE 調査を行うノウハウの確立のニーズが高まった．そこで，産官学の研究グループによりオフィスを対象とした POE の手法である POEM-O（post occupancy evaluation method-office）が開発された[2]．これは，オフィスの快適性を調査するための物理環境の測定方法，執務者に対するアンケート調査法，およびそれらの分析手法をまとめたパッケージである．従来のオフィスの環境評価では，測定項目が調査事例ごとに異なるため相互比較が困難であったり，心理評価が考慮されていないなど，方法論に課題があった．そこで，

表 4.5.1 POEM-O のアンケート項目

要因	アンケート項目（段階評価）
光	室内の明るさの適否，室内の明るさのむらの気になり，机上の明るさの適否，作業面の手暗がりの気になり，まぶしさの気になり，OA 機器画面の映り込みの気になり，人工照明下でのものの色の自然さ
熱	室温の寒暑，湿度の高低，風の感じ方，放射熱の感じ方，上下温度差の感じ方，温熱環境快適性
空気	空気の汚れ，匂い，埃っぽさ
音	室内騒音のうるささ，室内騒音の気になり（およびその原因の選択），騒音による執務への影響程度，室内の音の響きの程度，館内放送の聞き取りやすさ
空間	室の広さの適否，開放感，緑の量，インテリアの良し悪し，気分転換しやすさ，机周りスペース，机使い心地，椅子使い心地，机家具配置，OA 機器，配線，打合せスペース，収納スペース

表 4.5.2 POEM-O の物理測定項目（簡易版）

要因	物理測定項目（簡易版）
光	作業面照度（自然光と人工光），照明器具のグレア
熱	室温，相対湿度，気流速，放射温度，上下温度差
空気	CO_2 濃度，CO 濃度，粉じん
音	等価騒音レベル，暗騒音レベル，在室者密度，電話本数
空間	人当床面積，天井高，植栽密度，カーペット敷設，机グレード，椅子グレード，OA 機器密度，電話機密度，人当収納量，ミーティングスペース

表 4.5.3 SAP システムの評価項目（環境評価）

要因	5 段階評価で聞く尺度	不満理由の選択肢
光	机上面明るさ，室全体明るさ，光環境満足度	PC 画面映込み，窓まぶしさ，照明まぶしさ，他人の視線，窓外眺望，自然光無，ブランド等閉鎖的
熱	温度感，湿度感，温熱環境満足度	体へ風当たり，放射熱，上下半身温度差，湿度変動，残業時空調停止
空気	空気環境満足度	空気汚れ，空気よどみ，臭い，埃っぽさ
音	音環境満足度	空調騒音，OA 機器騒音，外部騒音，他人の電話，他人会話，他人騒音，スピーチプライバシー
空間	広さ満足度，レイアウト満足度，什器満足度，空間満足度	自席広さ，インテリア，机周り広さ，机使い心地，椅子使い心地，椅子調節性，机椅子配置，配線・電話配置，収納，清掃サービス，通路狭
IT	IT 環境満足度	PC 性能，ディスプレイ，LAN 環境，ソフト使い勝手，プリンター，周辺機器使い勝手

オフィス環境を総合的・系統的に把握し評価するシステムを確立するために POEM-O が開発された．POEM-O は事業所における環境管理や設計施工に携わる実務者の利用を想定しており，物理測定項目は調査の精密さに応じて詳細版と簡易版がある．一方，執務者へのアンケート項目は，不満の理由を特定できるように物理測定項目との対応を考慮した構成となっている．アンケート項目と物理測定項目の概要を表 4.5.1 と表 4.5.2 に示す．

3) SAP システムによるオフィスの知的生産性評価

SAP システム（subjective assessment of workplace productivity）[3, 4, 5] は，2000 年代にわが国の産学の研究グループによって開発されたものである．自社のオフィスの知的生産性評価を実施したい企業が SAP システムの管理者に利用申請を行うと，回答用の URL が発行される．企業のワーカーは Web 上に設置されたアンケートに回答し，その集計結果が企業に送付されるという仕組みである．

SAP システムでのアンケート項目を表 4.5.3 と表 4.5.4 に示す．表 4.5.3 は POEM-O と同様の環境の各要因に関連した設問であるが，満足度のように段階尺度で答える設問に加えて，各環境要素の不満足の理由を複数の選択肢から選ばせる設問もある．表 4.5.4 は知的生産性に関連した項目である．POEM-O によるオフィスの総合評価が環境の快適性にとどまるのに対して，SAP では知的生産性を最上位の項目としている．そこで，「集中しやすさ」や「コミュニケーションのしやすさ」など，知的生産性の下位項目と考えられる設問が加えられている．また，知的生産性にはオフィス（執務室）だけではなく，会議室や休憩スペースおよびオフィスビル内の様々な

表 4.5.4 SAP システムの評価項目（知的生産性評価）

分類	項目（段階評価）
総合評価	オフィス環境の満足度 知的生産性への影響（高めている～低下させている） 欠勤率
知的生産性の下位項目	集中しやすさ リラックスしやすさ コミュニケーションしやすさ 創造的活動のしやすさ 休憩スペースの評価 会議スペースの評価 オフィスビル全体の評価

場における活動も影響することが考えられることから，それらの空間に関する評価項目も用意されている．

SAP システムで得た評価結果は回答者間の平均値で示され，自身のオフィスの様々な環境要因の評価の高低が把握される．一方，SAP システムで評価を実施したオフィスのデータはサーバー上に蓄積されてあることから，これらのデータから得られた分布と自身のオフィスの評価を比較することで，自身のオフィスがどのような位置づけであるかも確認

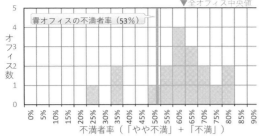

図 4.5.1 SAP による評価の相対比較の例
自身のオフィスの不満者率は 53% と半数が不満である
ことから，かなり悪い状態と思えるが，全オフィスでの
不満者率の中央値が 62% であることから，自身のオフィ
スは相対的には不満者率が小さいとわかる．

することができる（図 4.5.1）．知的生産性に関連す
る様々な評価結果を実施企業が社内で判断する際に
は，このような相対比較は非常に有用な情報となる．

4) POE 調査結果の活用方法

POEM-O や SAP システムなどを利用したオ
フィスの POE 調査には様々な活用方法がある．ま
ず，竣工後に執務者が使いはじめたオフィスが設計
の意図通りの使い方をされているか，あるいは設計
時に予期していない使い方がされていないかを確認
する．2 点目は，定期的な POE 調査により設備の
劣化や運用方針の変化で生じた不具合を発見し，オ
フィスの維持管理に活用する．これら 2 点は当該オ
フィスの環境性能の維持や向上のためである．一方，
調査主体の企業の視点に立つと，当該企業が複数の

オフィスを所有している場合に，オフィス間での環
境性能や知的生産性を相互比較し，企業の業務運営
に活用することができる．また，当該オフィスの不
動産価値を示すために，環境性能や知的生産性を評
価することも可能である．また，複数のオフィスで
の調査事例を蓄積することで，次の設計への知見を
得たり環境基準の改正に利用したりできる．

5) 様々な認証制度による POE 調査

SAP システム以外でも，建築空間の性能や機能を
評価するシステムは様々なものがある．国際的に活
用されているシステムに LEED (leadership in energy
& environmental design)[6] がある．これは，建築
や都市の環境性能を評価して格づけするシステムで
ある．また，建築の利用者の健康やウェルネスに着
目して性能評価を行って格づけするシステムとして
は WELL 認証システムがある．一方，わが国で普
及しているものとしては CASBEE (comprehensive
assessment system for built environment
efficiency)[7] があり，新築や既存の建築，戸建て住宅，
街区全体あるいはオフィスのウェルネスなど，様々
な空間を対象としたシステムが整備されている．以
上の様々な評価システムで用いる評価項目は，利用
者の主観申告や事実の報告，あるいは対象の建築の
仕様や環境性能の項目などの多岐にわたる．また，
最終的な格付けのプロセスも多様である．

〔宗方　淳〕

●コラム　SAP はオフィスの格づけをしない

CASBEE などでは，対象の空間の様々な要素に対し
て既存の基準などを参考にして点数化して最終的な格づ
けに利用する．たとえば，最低基準と位置づけられてい
る建築基準法で定められた条件をクリアしているだけな
ら 1 点，一般的な技術水準であれば 3 点，最新の設備が
あれば 5 点，といったものである．一方，SAP システ
ムでは格づけをしていない．この理由は，最低基準を満
たすだけのオフィスや最新の設備を用いたオフィスにお
いて，それぞれのオフィスのワーカーの評価がどのよう

な分布になっているかという知見の蓄積が不十分である
からである．さらに，明るさや室温などの知覚的な評価
とは異なり，満足や不満足といった心理的な評価は時代
や状況によって変化する．ある時期の最新の設備に対し
て高い満足度が示されたとしても，その設備が当たり前
の存在となったら満足度評価は低下する．以上のことか
ら，SAP システムでは，他のオフィスとの相対的な比
較にとどめているのである．　　　　　〔宗方　淳〕

4.6 環境評価の個人差

前節までに，適切な環境を設計するために重要なデザイン案の検討の流れと，デザイン解検証について述べた．デザイン案を検討する際には，個人差についても留意する必要がある．本節では，環境評価において個人差が生じる原因と，その対応方法について紹介する．

1) 環境評価における個人差の要因

一言で個人差といっても，様々な要因が存在するが，個人差の要因は3つの視点で捉えることができる．1つ目は心身的特徴（身体的機能）の違いによる個人差である．2つ目は，心理的な違いによる個人差であり，個人のパーソナリティや環境に対する欲求や期待，嗜好などが含まれる．3つ目は，経験や環境，文化など，社会文化的な違いによる個人差である．この3つの視点で個人差を整理しているが，これらは完全に区別されるものではなく，経験が個人の嗜好に影響するように，それぞれが関連しあっていることを理解してほしい．

●心身的特徴（身体的機能）の違いによる個人差

心身的特徴による個人差は，人間の発達的変化や，性別，能力などの個人属性，そして心身の状態によるものである．

(1) 身体障がい，視覚障がい，聴覚障がい

今日様々な環境デザインにおいて，障がい者が安全に自由に行動できるような工夫が施されている．車椅子使用者のためのスロープの設置や，歩行が不安定になりやすい人のための手すりの設置などが該当する．また，視覚障がいや聴覚障がい，色覚異常など，情報障がいに対する配慮も必要である．文字や絵，音声，点字など複数の情報提示や，誰でも見分けやすいカラーユニバーサルデザインの路線図を採用することなどがあげられる．

(2) 発達障がい

自閉スペクトラム症（ASD），ADHD（注意欠如・多動症），学習障がいなどの障がいをもつ子どもは，生まれつきもっている障がい（一次障がい）によって，生活の中でトラブルや失敗（二次障がい）を起こしてしまいやすい．二次障がいを最小限にとどめ，本人が自分の力を発揮できるようにするためには，周囲の理解のほか，環境づくりによる工夫も重要である．

たとえば音環境については，多動児が学ぶには適度な騒音がふさわしいが，自閉症の子どもには静かな環境が適していることがわかっている[1]．特別支援教育における音環境の研究[2]では，騒音が苦手な児童に対して小空間やリラックスボックス，吸音のテントやパーティションといった補助具を設置し，効果がみられたことを確認している．

音環境のほか，教室内の内装デザインや，座席の配置[3]についても工夫が必要とされ，知見が蓄積されている．推奨される環境はいくつも存在するが，適した環境は児童・生徒によって異なる．学校のように特に多くの利用者がいる環境は個別の対応が求められるため，設置や移動，調整が容易なデザインやツールも期待される．

(3) 高齢者

高齢者のおもな特徴として，身体的機能・認知機能の低下や，健康上の問題をかかえている可能性が高いことがあげられる．しかし，これらはすべての人に共通して生じるわけではない．移動が自由にできない人や視覚障がいのある人もいれば，身体的機能の低下はないが，認知機能において問題をかかえる人もおり，個々の能力をはじめとした違いが大きく非常に多様な集団といえる．そのため，高齢者にふさわしいデザインは1つではなく，ユーザーに応じて対処できるような配慮が求められる．

高齢者施設環境を例にあげると，記憶障がいや見当識の欠如，徘徊といった問題に対する工夫が考えられる．記憶障がいのある認知症の高齢者にとっては，部屋をあまり作り込まず，自分で自室を飾り付けたり，慣れ親しんだ調度品を持ち込むことで，自分の部屋だと認識できたり，満足度が高まったりすることがわかっている[4,5]．深夜の徘徊に対処するために，行動を強制的に妨げるのではなく，安全に徘徊できる通路をデザインするという方法もある．

その他の工夫としては，共有空間のデザインである．入居者が使える調理施設や家庭菜園を用意するなど，様々な行動が選択できる空間が求められる．

(4) 子ども

子どもは様々な機能が未発達で，環境の影響を受

けやすいという特徴がある．子どもの発達においては，安全が保証された環境で，遊び行動や探索的行動により十分な刺激を経験することが重要とされている．デザインする人間は成人であるが，子どもが危険にさらされる環境が大人にとっては安全そうに見える場合もあれば，その逆の場合もある．子どもの視点による検討は容易ではないが，大人が利用するデザインのサイズを単に変更するのではなく，子どものためのデザインを検討する必要がある．

プライザーが小児病棟改築に際して行った POE 研究[6]では，従業員を対象にした調査の成果が設計案に反映された．外の景色の見えやすさや，患者のプライバシー保護，ユニバーサルデザインなど，様々な視点による配慮がなされている．また，子どもの感覚に合った親しみやすい環境を提供するために家具などの寸法や，空間の色合い，デザインも重視された．待合室やプレイルームでは，年齢や症状によって異なる時間のすごし方ができるような工夫もなされている．

（5）　性的マイノリティ

性的マイノリティのユーザーに対する工夫も必要である．たとえばトイレや着替えを行う際，性的マイノリティの人にとっては男女別の空間は利用しづらく，多目的トイレなどを利用するという報告も多くなされている．近年では，誰でも利用できるオールジェンダートイレも現れている．こうしたトイレでは，一般的なトイレのように個室が連なっているが，隙間をなくして密閉感を高めることで音漏れや盗撮の不安も軽減されている．また，男女別のトイレも残されており，すべての人が安心できる選択肢を用意するという対応がなされている．

●心理的な違いによる個人差

心身的特徴による大きな差が存在せずとも，個人の内面によって求められる環境は異なる．ここでは，パーソナリティ，環境に対する要求・価値・期待，嗜好を取り上げる．

（1）　パーソナリティ

個人のパーソナリティの特性には様々な視点が存在する．環境評価にかかわる代表的な要因として，環境への敏感さ（環境からの関係のない刺激を遮断できるスクリーナーと，それが苦手なノンスクリーナー[7]）があり，近年では，日本語版の環境刺激敏感性尺度も構築されている[8]．また，ローカス・オ

ブ・コントロール（出来事の原因を自分の内に求めるか外に求めるか）[9]も，環境評価に影響するとされている．その他，環境に対するパーソナリティ類型を測定する尺度として，環境パーソナリティ目録（環境移動性，環境リスクテイキングなど）[10]，環境反応目録（田園趣味，都会主義，環境順応，刺激探索，プライバシーの欲求など）[11]が考案されている．

（2）　要求・価値・期待

環境に何を求めるかが異なると，環境の評価も異なってくる．住まいを「くつろぎの場」と考える人と「ステータスシンボル」と考える人では，求める住まいの形は変わってくる．後者の場合，住まいの外観や，居住地域なども評価に影響する傾向にある．

（3）　嗜　好

住環境においては，インテリアの好みや美的価値観による回答者（ユーザー）の分類や，ターゲットに対する効果的な広告展開を目的として，マンション購入希望者の居住性嗜好による分類など，個人差に注目した検討が数多くなされている．

こうした環境に対する嗜好は様々な要因がかかわっており，上で述べたようなパーソナリティが影響することも多い．たとえばノンスクリーナーはスクリーナーよりも静かで落ち着いた環境を好むなどである．さらに，次の項で述べる経験や文化の影響を受けるとも考えられている．

●社会文化的な違いによる個人差

社会文化的な違いによる個人差は，個人をとりまく周囲の環境の違いと捉えることができる．個々の経験，所属する組織（集団）や文化という環境もまた，個人の嗜好や環境の評価に影響する．

（1）　経　験

場所愛着や場所アイデンティティをいだくような環境（3.6 節参照）や，懐かしい原風景に似た環境が，個人の環境評価に影響することも多い．たとえば，自然の中で育った人が，都市のマンションで暮らす際に，窓から山が見える部屋を好んで選択することが多いなどがあげられる．

心身的特徴の違いによる個人差で紹介した高齢者も，長期間の生活習慣といった経験の違いによる個人差はこちらに該当する．高齢者施設の共有空間でも，会話やレクリエーションに適したソシオペタルデザインと，1 人で読書をしたり庭の景色を眺めたりするのにふさわしいソシオフーガルデザイン（3.4

節参照）との両方が求められると考えられ，こうした多様な空間を準備するという工夫も必要である．

（2）　集団・組織形態

　個人差は人と人との差だけではなく，集団や組織どうしの差という形でも存在する．たとえば住環境でも，家族構成や生活形態が異なれば，求める環境も変わってくる．

　多くの企業は多様性のある組織形態をとっており，部門や部署，業務内容によっても適した環境は異なる．オフィス環境にはプライバシーの確保と，コミュニケーションの促進の両方が求められるが，それらの重要性は業務内容や個人によっても変わってくる．打ち合わせスペースの場所を工夫してコミュニケーションをとりやすくしたり，仕切られた座席スペースや可動式の間仕切りでプライバシーへの配慮をしたり，多様な使い方を可能にすることが必要である．近年は様々な活動に合わせて用意された環境を，従業員が自ら選択して活動するというABW（activity based working）が注目されている．1人で集中して行う作業，複数名での作業やアイディア出し，リチャージ（休憩），専門作業など様々な活動に対応し，生産性や創造性を高めるための空間の整備を行うデザインも役立てられている．

（3）　文　化

　民族性や地域性などの文化圏による違いも存在する．自分が所属する生活環境によるものが大きく，暗黙のルール・秩序となっていることも多いため，気づかないことも多い．たとえば犯罪不安を感じる環境は，その地域で生じる犯罪の種類によっても異なるだろう．また，快適だと感じる距離のとり方や身体の向け方は文化の影響を受けると考えられている．民族によるパーソナルスペースの違いも報告されており，中東の人々は日本人よりもパーソナルスペースが狭い傾向にあるほか，フィンランド人やスウェーデン人は他の文化圏の人々よりもパーソナルスペースが広い傾向があり，2，3メートルの間隔を開けてバスを待つ様子や，電車で1つ席が開いていても座らない様子も観察されている．

2）　個人差への対応方法

　これまで紹介してきたように，個人差には様々な要因が存在するが，こうした個人差への対応は，基本的要求条件の差と，期待の差という2つの観点で捉えることができる．

　基本的要求条件とは，環境を不便・不快でなく利用するために必要な条件のことである．紹介した個人差の要因の中では，心身的特徴による個人差や，集団・組織形態の違いなどが該当する．また，敷地や予算といった空間的・経済的制約も，達成すべき条件としてここに含まれる．

　心身的特徴による個人差への対応は，ユニバーサルデザインやバリアフリーなどのアプローチが有用である．社会全体として多様性が重視されるようになり，ユニバーサルデザインや多様な環境の提供は，誰もが使いやすいという点で優れており理想とされる．空間的・経済的制約がある中で，ユニバーサルデザインの採用が難しい場合には，バリアフリーのような対処療法的な工夫もあわせて検討することになる．たとえば発達障がいのところで述べた音環境への配慮に関して，すべての子どもたちに対して同様の効果をもたらすデザインの提供が困難な場合，設置や取り外し，移動が比較的容易なブースを導入することで問題への対処を行うことができる．

　期待の差とは，基本的要求条件が共通していても，個人によって優先度や重みづけが異なることで生じるものである．基本的要求条件を満たすことは最も重要であるが，より魅力的な環境づくりのためには，環境に対する期待を満足させることが重要である．この期待の差を尊重することは大切だが，期待の実現方法（期待をどのように達成するかという知識やノウハウ）の差にこだわりすぎないよう注意が必要である．単に個々の仕様を達成しただけの衆愚設計（4.2節参照）ではなく，ユーザーのいだくニーズを実現するための案を検討する必要がある．ユーザーのいだく環境への期待が様々である場合にも，多様な環境の提供だけでなく，適切にニーズ把握を行うことで，ニーズの実現は可能である．設計者の意図や環境の意味付けなど，時にユーザーには伝わりづらい情報をあわせて提示することも，衆愚設計に陥らず，期待の差を尊重するには有用だろう．

　本節では様々な個人差について述べたが，設計の際に重要なのは，基本的要求条件の差をおさえたうえでの期待の差に対応した設計解の導出である．この期待の差に関する丁寧な検討とその知見の積み重ねが，多くの設計に活かされることを期待したい．

〔白川真裕〕

5. 安全・安心・健康の人間環境学

5.1 人間環境学による課題解決

●人間環境学の応用分野

人々の生活する都市・建築が，安全，安心，健康であることは，きわめて重要である．本章では，1〜4章の人間環境学の基本的な理論と知見を元にして，応用的な観点として，防犯，防災（災害），健康，持続可能性という切り口からそれぞれ節を設けた．持続可能性は，単なる環境負荷の低減にとどまらない幅広い論点であるが，本章では，主として環境負荷を小さく保つことに限定して扱うこととする．

一方，都市・建築をとりまく状況は，時代とともに変化している．都市・建築デザインのあり方を考えるためには，これらの変化を把握していく必要がある．直近の数十年において都市・建築をとりまく情勢における非常に大きな変化の1つは，気候変動という現象が急速に深刻化したことである．また，その主要な原因は，都市・建築の建設・運用・廃棄などを含む人間活動であることが，確実視されるに至ったことである．台風の大型化，豪雨による水害，土砂災害，ヒートアイランドも関連した熱中症の被害などもある．

地球温暖化（気候変動）の問題は 1970 年代以後に理解が進み，1985 年には初の国際会議が開催された．1988 年には気候変動に関する政府間パネル（IPCC）が設立され，2021 年に公表された IPCC 第 6 次報告書では，地球温暖化の主要な原因が人間活動であることが，確実視されるに至った．

●総合的に質の高い環境デザインをめざす

防犯の人間環境学（5.2 節）では，「犯罪を，犯罪者，標的，犯罪発生場面の環境の三者からなる現象と捉え，環境を適切に操作して，「犯行促進要因の除去」と「犯行露見リスクの増加」を行うことで，犯罪を防げるとする」『環境デザインによる犯罪予防』が紹介されている．このように環境を適切に操作（デザイン）して目的を達成することは，防災（災害），健康，持続可能社会のいずれにも共通することである．

また，デザイン対象である環境には，住宅・建築単体だけではなく，街区・都市などのレベルも含まれる．ハードウェアとしての建築・都市だけではなく，そこに住まう住民のコミュニティやまちづくりのあり方も含めて検討すべき課題であり，人間環境学による課題解決には欠かせない視点である．

さらに，ICT の導入は，生活の色々な側面で大きな変化をもたらしている．防犯，防災，健康，環境負荷低減などを実現するためには，ICT による方法もあるが，一方で ICT を用いない人間活動による方法もある．これらの組み合わせや使い分けの模索も，人間環境学の重要な課題である（5.2 節 4)項），5.4 節 2)項）など）．

ところで，防犯，防災，健康，環境負荷低減等のそれぞれの単独の観点を偏重した環境デザインが提案されることは少なくないだろう．しかし，防犯あるいは防災など単一の観点のみを偏重すると，日常的なアメニティを大きく損なう恐れがあるので，可能な限り，他の観点も考慮して「総合的に質の高い」環境デザインをめざすべきである（5.3 節 5)項）．そのことが，まちづくりも含めて，多くの人々に支持される環境デザインにつながるといえる．

また，環境（ハードウェア）を適切にデザインすることが，環境決定論的に防犯，防災，健康，環境負荷低減などを達成するわけではなく，それらの目的は，常に人間と環境との相互作用を媒介としているということを忘れてはならない．

防犯，防災，健康，環境負荷低減などを実現するための環境デザインのプロセスは，らせんループであり，固定的なベスト解があるわけではない．本章の色々な知見から，都市・建築デザインの大きな可能性に気づき，創造的なデザインを発想していただけると幸いである．

〔松原斎樹〕

5.2　防犯の人間環境学

1)　はじめに

　建築や都市のデザインが犯罪の予防に貢献できることは，京町家に見られる忍び返しや格子戸などの設備や，江戸町人地における木戸や番小屋の設置といった，伝統的な設計上の工夫からもうかがえる．しかし，こうした設計上の工夫が理論として広まったのは1960年代以降のことである．本節では，まず犯罪と環境とのかかわりを論じた理論を紹介する．次に日本での事例を交えながら，具体的な場所ごとの犯罪予防の考え方を述べる．最後に，犯罪予防のための環境デザインの実践に向けた留意点を示す．

2)　犯罪と環境のかかわりの理論

●『アメリカ大都市の死と生』

　犯罪を都市環境の物理的な特徴と関連づけて理解する試みの起源は，米国の都市批評家，ジェーン・ジェイコブズ（Jacobs, J.）の著書『アメリカ大都市の死と生』に求められる[1]．同書で彼女は，道路や公園といった公共空間で発生する犯罪を論点として，近代都市計画が形成する空間を徹底的に批判した．そして，米国のダウンタウンであるグリニッジ・ビレッジなどの観察に基づき，賑わいがあり安全で快適な街路には，人々の多様性に起因する継続的な利用，沿道の生活者からの街路への見守りの目や，明確な公私の領域の区分に起因する管理主体の明確さがあるとした．そして，土地の用途純化，建物の高層化，まちの大街区化に象徴される近代都市計画が作り出す空間を，自然発生的な秩序維持機構をもつ旧来のまちを破壊するものであると批判した．彼女が提示した街路への見守りの目や公私領域の明確な区分といった要素は，その後の犯罪予防のための環境デザイン論にも大きな影響を及ぼした．

●守りやすい空間

　1972年，米国のオスカー・ニューマン（Newman, O.）は「守りやすい空間」の考え方を提示した[2]．ニューマンは，「近代建築の敗北」のエピソードで知られるプルイット・アイゴー団地の爆破解体事件（1972年，1.2節参照）から着想を得て，ニューヨーク市の公共団地の犯罪データを分析した．その結果から，以下の4原則を備える公共団地は防犯性が高くなるとした．

① **領域性の強さ**　領域性とは，団地内の領域に対する住民のなわばり意識のことであり，その強さは空間の物理的環境の特徴に依存する．壁やフェンス，門などの物理的障壁や，特徴ある路面の舗装パターンや使用される材質の変化などの象徴的障壁によって，どこが住民にとっての領域（なわばり）であるかが明確な空間は，住民自身に，そこが責任をもって管理する空間であると認知させることができる．そのことは，その空間における外部利用者への住民の関心を高めることにつながる．

② **自然な監視の強さ**　自然な監視は，ジェイコブズが提示した街路への見守りの目と同義であり，日常生活の中で生まれる住民による人の目をさす．自然な監視は，住宅の入口や窓の向きを団地の外部利用者がアクセスできる空間に向けたり，視線を遮る樹木や壁を除去することなどにより強まる．

③ **イメージの良さ**　ここでのイメージとは，住民の社会階層や管理意識の低さを想起させるような，粗末な建物の外観や低質な素材といった物理的環境の特徴のことである．こうした環境を備えた団地には，貧困・無関心の烙印づけがなされ，そのことが，犯罪企図者を呼び寄せるとともに，住民の自衛行動の根源となる住まいへの誇りや愛着を失わせる．

④ **立地環境の良さ**　団地が安全な場所に隣接して立地している場合，防犯性は高くなる．たとえば，質の高い商業地区や高級住宅地区に隣接して団地を配置することで，団地のイメージと治安が良くなる．

　ニューマンは，これらに配慮された団地では，①住民が侵入者に対し自衛行動を取りやすい，②侵入者が違法行為を住民に阻止される可能性が高いと感じる，の両面が成り立つことから犯罪が抑制されるとし，これを守りやすい空間とよんだ．

●CPTED

　ニューマンの守りやすい空間とほぼ同時期に，犯罪学の分野でクラレンス・レイ・ジェフェリー（Jeffery, C.）が示したのがCPTED（crime prevention through environmental design，環境デザインによる犯罪予防）という考え方である[3]．これは，犯罪を，犯罪者，標的，犯罪発生場面の環境の三者からなる現象と捉え，環境を適切に操作して，「犯行促進要因の除去」と「犯行露見リスクの増加」を行うことで，犯罪を防げるとするものである．

米国の防犯コンサルタント，ティモシー・クロウ（Crowe, T.）は，1991年にCPTEDの考え方を改めて体系的に整理した[4]．ここでジェフェリーを引用して示されたCPTEDの考え方「人間によりつくられた環境の適切なデザインと効果的な使用によって，犯罪不安感と犯罪の減少，そして生活の質の向上を導くことができる」は，後述する日本の防犯環境設計においても参照されている．

クロウの示したCPTEDは3原則から構成される．

①**監視性の確保**　犯罪企図者に犯罪を阻止する人の目を注ぐこと．監視の主体として，組織（ガードマンなど），機械（カメラなど），自然（生活を通した住民の目）があるが，自然監視性を重視し，他二者を補完的に用いるべきとされる．

②**接近の制御**　犯罪企図者が標的に接近することを遮断すること．監視性の確保と同様に，主体として，組織，機械，自然があるが，ここでもやはりアクセス可能な領域の境界を，植栽などの空間構成要素や空間レイアウトの工夫で明示する，自然な接近の制御を重視すべきとされる．

③**領域性の強化**　場所に対する人々の愛着や所有意識，誇りを向上させること．

守りやすい空間の4原則における領域性の強さは，接近の制御といいかえられ，新たに愛着や誇りの形成の意味で領域性の強化が定義された．また自然な監視の確保は，組織や機械を主体とするものも含まれるようになった．クロウによる整理以後もCPTEDには様々な研究者がかかわり，今日のCPTEDには，より広範かつ多様な原則が含まれている．たとえば，上記の3原則に加え，標的の強化，活動の支援，イメージの向上と維持管理といった原則を含む考え方や，地域の結束の強化や文化の尊重といった，犯罪を防ぐための社会環境づくりを含むものもあり，CPTEDは現在もなお変化している概念である．

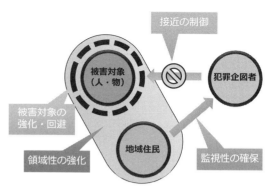

図5.2.1　防犯環境設計の基本図式

●**防犯環境設計**

日本では，警察庁や日本住宅公団を中心に，1980年代から，犯罪と都市・建築の物理的環境との関連に関する研究や実践が行われた．先駆的な研究・実践例を経て1990年代後半に提示されたのが「防犯環境設計」の図式である（図5.2.1）．同図式では，犯罪を，犯罪企図者，被害対象，地域住民の相互作用によって生じる事象と捉え，それらに働きかける4原則を設定している．

①**監視性の確保**　人目を増やしたり周囲からの見通しを確保することによって，犯罪企図者に，地域住民からの視線による抑止力を働かせること．

②**領域性の強化**　被害対象が存在する場所への地域住民のかかわりを強化し，その場所での縄張り意識・帰属意識を高めさせること．

③**接近の制御**　犯罪企図者と被害対象との間に障壁を設け，両者の接触の可能性を低くすること．

④**被害対象の強化・回避**　被害対象を除去したり，物理的に強化して被害にあいにくくすること．

監視性の確保と領域性の強化が，人間の心理的機序を用いて地域住民の力により犯罪予防を図る間接的な方法であるのに対し，接近の制御と被害対象の強化・回避は，より直接的に，物理的に犯罪企図者の行動を抑止する方法となっている．

防犯環境設計の図式は，2000年に警察庁が示した「安全・安心まちづくり推進要綱」および付随する道路や公園などの公共空間や共同住宅の設計基準などに反映され，日本での環境デザインによる犯罪予防の理論的枠組みを提供している．

3）防犯環境設計の実践例

2000年代以降，日本でも各地で防犯環境設計の考え方に基づく実践例が生み出されている．ここで

はいくつかの実践例を紹介しながら，防犯環境設計の原則を考慮した環境デザインのポイントを述べる.

●住宅・住宅地

(1) 戸建て住宅

戸建て住宅で防ぐべき罪種は，おもに侵入盗である．戸建て住宅における侵入盗の侵入手段は，無締り，もしくはガラス破りによるものが全体の8割程度であり，侵入口は，窓と表出入口が8割弱を占める．日本における戸建て住宅は，柱と梁で構成される架構式構造が主であり，通気性の確保のために開口部を大きくとったものが多いが，こうした住宅開口部のデザインが防犯上重要となる.

戸建て住宅開口部に対する最も単純な防犯対策は，使用する建物部品を破壊に強いものにすることである．警察庁・国土交通省などは，2004年から，破壊までに5分以上を要する住宅の開口部の建物部品を収録した「防犯性能の高い建物部品（CP部品）」の目録を公開しており，同目録に収録されている建物部品を用いることで住宅の防犯性を高めることができる．「住宅の品質確保の促進等に関する法律」に基づく住宅性能表示制度では，評価項目に「防犯に関すること」が含まれており，開口部にCP部品が使用されていることが評価対象とされている.

戸建て住宅2階部分からの侵入に対しては，開口部に犯罪企図者が到達できないようにすることが重要である．たとえば，2階への足場となる可能性のある物置やカーポートなどの配置には，そこが侵入経路とならないよう注意する必要がある．隣接する建物との隣棟間隔が短い場合は，その建物が侵入経路になる場合がある．そのような場合は，2階の開口部にアクセスできないよう，開口部の位置を工夫するなどの対策が求められる.

侵入盗の犯人は，犯行前の下見や侵入時に近隣住民に見られることを恐れるとされる．そのため，住宅の周囲や開口部に近隣住民からの人の目が注がれるようなデザイン上の工夫をすることが重要である．たとえば，住宅開口部を基本的に敷地の外から見えやすい位置に設定することが有効である．住宅が周囲から見えやすくなるような外構（いわゆるオープン外構）は，防犯性を低めると考えられがちだが，侵入盗の犯人への面接調査を行った国内外の研究からは，オープンであることによる「監視性の確保」の効果のほうが上回ることが示されている.

基本的には，住宅は閉鎖的にせず，近隣住民の目を防犯に活かすという発想でデザインに臨むべきであろう.

(2) 共同住宅

戸建て住宅と共同住宅との大きな違いは，住戸以外に，住棟内に複数の住戸に共用される部分を含むこと，また，複数の住棟を含む共同住宅敷地の場合は，敷地内に複数の住棟に共用される部分を含むことである．実際に，子ども・女性を被害者とする性関連犯罪がこうした共用部分で発生しているとの報告もあり[6]，そのデザインは重要である.

共同住宅の防犯性を向上させるための基本的な考え方は，ニューマンの「守りやすい空間」が想定する，敷地外である「公」の空間から，半公〜半私〜私と連なる段階的な領域構成をしっかりと行うことである（図5.2.2）.「私」の領域に相当するのは住戸であり，戸建て住宅と同様に開口部対策などにより内部への侵入を遮断することが基本となる.「半私」に相当するのは，住棟内の複数の住戸によって共用される部分である．ここには，共用廊下，エレベーター，エレベーターホール，メールコーナー，共用出入口などが含まれる．これら「半私」の空間では，利用する者が住棟内の居住者にある程度限定されているため，住棟内居住者間での顔見知り関係を作ることが有効である．住棟内居住者間の顔見知り関係は，1つの共有部分を利用する者の数に比例して弱くなることが知られている（図5.2.3）．したがって，共用する利用者の数が多くなりすぎないよう，適切な単位に共用空間を分節化することが，防犯上有効な手段となる.

段階的な領域構成のうちの「半公」に相当するのは，複数の住棟居住者によって利用される中間領域

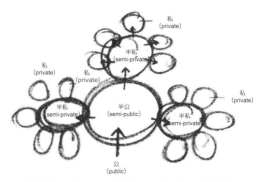

図 5.2.2 守りやすい空間において示された段階的な領域構成の図[2]

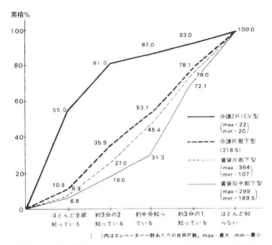

図 5.2.3 共同住宅におけるエレベーターを共有する戸数と
顔見知りの程度との関係[5]

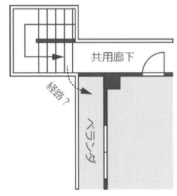

図 5.2.4 共用階段からアクセス可能なベランダを通じて住戸
に侵入された疑いのある事例[7]

である．ここには，共同住宅地内に設置された広
場や集会場などが含まれる．住棟の入口や開口部を
広場に向けたり，住民間のコミュニケーションを生
むベンチなどの設置物を効果的に配置することによ
り，住民の目が届き，近所づきあいが発生しやすい
場にしていくことが求められる．また，「半私」の
空間と同様に，利用者の数があまり大きくなりすぎ
ないようにすることも重要である．

段階的な領域構成にとって重要なのは，各領域間

の境界をしっかりと作り，容易に「私」の空間にア
クセスさせないことである．たとえば，共同住宅の
共用階段が住戸のベランダへの侵入経路とならない
よう，境界部を遮断する必要がある（図 5.2.4）．

（3）住宅地

侵入盗犯が標的（住宅）を選定するまでには，地
区，近隣，街区から住宅に至るまでの地理的スケー
ルの環境に対して，段階的に意思決定を行うとされ
る．そのため，住宅単体での対策に加え，まちぐる
みで防犯環境設計を実践することが有効である．

まちぐるみで対策を行う海外の住宅地の例とし
て，塀とゲートの設置，ガードマンの配置により，
厳格に住宅地内部へのアクセスを制限した「ゲー
テッド・コミュニティ」がある．日本では開発に際
して公園や道路を公共移管することが求められるた
め，厳密な意味でのゲーテッド・コミュニティは実
現できないが，同様の趣旨で開発された住宅地とし
て，ホームセキュリティ，警備員の巡回，防犯カメ
ラなどを住宅地単位で一括導入した開発である「タ
ウン・セキュリティ」がある．

住民からの自然な監視の目の創出や住環境の維持
管理の質を高めるといった対策を，住宅地全体で一
体的に行っている事例に，千葉県習志野市の「奏の
杜」がある[8]．この事例では，歩行者動線が集中す
ることを意図した住宅地中央部への歩行者専用道路
の配置，住宅地外周部へのハンプの設置，防犯カメ
ラの設置といった公共空間での防犯対策に加え，各
住戸にも「防犯環境設計マニュアル」が配布され，
まちぐるみで住戸レベルでの防犯環境設計の実践が
図られている．

東京都足立区では「防犯設計タウン」として，防
犯環境設計に配慮した住宅地に認証を与える制度を
運用している[9]．認証を得た住宅地では，各住宅に
CP 部品が採用されるだけでなく，フェンスや生垣

図 5.2.5 足立区防犯設計タウンでのデザインの工夫の例（筆者撮影）

を低くすることによる自然な監視の確保やクルドサックの採用による領域性の確保のための工夫が図られている．住宅地内に含まれる公園には，公園への人目の確保を意図して，住戸に囲われる場所に配置されたものもある（図5.2.5）．

●公共空間

公共空間のうち道路での監視性を高めるための一般的な対策は，街灯の設置による明るさの確保である．防犯のための照度の基準としては，水平面照度3ルクスが知られており，これを実現するような街灯の密度や配置を行うことが基本となる．ただし，すべての道路に基準を厳格に適用することは現実的でない．茨城県つくば市では，「明るいまちづくり」の取り組みの中で市中心部への街灯の設置を進めているが，既存の街灯や照度の地理的分布に加え，市民の不安箇所，夜間に帰宅する人の動線をデータとして参照しながら重点設置地区が定められており，メリハリのある街灯の配置戦略がとられている．

公園については，2000年に警察庁が示した公園に関する防犯基準のもと，植栽の管理や樹種選定の工夫による見通しの確保や，街灯（公園灯）設置による明るさの確保といったかたちで防犯環境設計の考え方が実践されている．防犯環境設計の考え方を参照しながら公園の大規模なリニューアルを行った事例に，福岡県福岡市の警固公園がある[10]．同公園は，2012年，「防犯と景観の両立」をコンセプトにリニューアルがなされた．従前あった見通しを遮る大きな築山や繁茂していた樹木が整理されるとともに，公園内にベンチや花壇が配置された．奥まった位置にあったトイレも人目につく場所に変更され

た．その結果，公園の治安状況が大きく改善するとともに利用者が大幅に増加した（図5.2.6）．

公共空間の「監視性」を高める手段として近年急速に普及しているのが防犯カメラである．近年，市民からの要望と防犯カメラ自体の低廉化とがあいまって，数百〜数千台規模で公共空間に防犯カメラを設置する事例も見られる．今後も普及が進んでいくことが確実だが，実証研究では防犯カメラの犯罪抑止効果は限定的であることが示されていることや，維持管理・リプレースのコストの高さから，唯一の解として用いるべきではない．CPTEDが想定する3種の監視性のなかでは，カメラを含む「機械監視」は，「自然監視」と「組織監視」に対して補完的に用いるべきとされている．公共空間への防犯カメラ設置は，人々の防犯へのニーズの高さに対する手軽な解決法として考えられがちだが，他の防犯対策とのバランスを考慮しつつ導入可否を判断すべきである．

●近　隣

住宅や公共空間を含む近隣レベルでの防犯環境設計は「防犯まちづくり」として実践されている．具体例として，2002年から「子どもを犯罪から守るまちづくり」に取り組む東京都葛飾区があげられる．同区では，小中学校のPTAが主体となって子どもの被害調査を行い，被害が多かった場所の点検と環境改善を行っている．点検・改善の視点として防犯環境設計の考え方が参照されており，区内には，取り組みに基づき，被害多発公園内への住民が管理する花壇の設置や，危険箇所周囲の植栽の除去による見通しの確保，公園内のトイレ位置の変更，高架下

図5.2.6　リニューアル前後の警固公園の様子（文献[11]を元に作成．柴田久氏撮影）

```
長門南部町会　防犯まちづくり憲章

長門南部町会では、子どもから高齢者まで安全で安心できるまちづく
りを目指し、この憲章を定めます。
長門南部町会では、

一、防犯・防災パトロール活動や、日常生活のなかでの見守り活動を
　　積極的に行います。
一、あいさつの声が響くまちを目指します。
一、道路、公園などの清掃を定期的に行い、地域の美化に努めます。
一、高齢者宅や空き家の情報を共有し、地域で見守ります。
一、暗がりなどを定期的に把握し、改善に努めます。
一、防犯カメラで上記活動を補い、さらなる安全を目指します。
　　　　　　　　　　　　　　　　　　　　　平成26年2月6日
```

図 5.2.7　足立区での「防犯まちづくり憲章」の例

橋脚のペインティング，公園内への健康器具の設置などが行われている[12]．

　葛飾区同様に，住民が自らのまちを防犯環境設計の考え方を参照しながら点検し，より安全なまちにする活動を行う事例として，東京都足立区での取り組みがある[9]．足立区は，前述の「防犯設計タウン」のなかで防犯環境設計の考え方を取り入れているが，既成市街地の防犯性の向上については課題となっていた．そこで，2014 年 7 月から行われているのが，地域住民がまちの防犯診断を経て「防犯まちづくり憲章」を定めた地区を区が認定する「防犯まちづくり推進地区認定制度」である．実際に地域住民の手によって策定された防犯まちづくり憲章には，「まちの目を増やすために花壇やフラワーポットなどの配置活動をします」や，「歴史めぐり，お寺めぐりマップを作って，わがまち意識を高めます」といったような，防犯環境設計の考えを反映した内容が並んでいる（図 5.2.7）．大規模な環境改善が難しい既成市街地では，こうした大きな方針をまちの「憲章」として共有することで，住民自身が参加しながら逐次的な環境改善を行うことが有効である．

4）　防犯環境設計の留意点

　最後に，防犯環境設計の留意点を 4 点述べる．

　第 1 には，犯罪の種類（罪種）を意識することである．犯罪は雑多な行為の総称であり，行為の内容によって対策も異なる．たとえば，防犯カメラは一般に駐車場における乗り物関連犯罪には有効だが，粗暴犯には有効でないことが知られている．デザインの対象となる空間において，いつ，どこで起きるどのような罪種が問題なのかを絞り込んだうえで，効果的な対策をデザインに反映する必要がある．

　第 2 には，画一的・表面的な対応を避けることである．防犯環境設計の原則から発想されるデザインは本来幅広いものであるが，現実には矮小化して解釈され，防犯設備の設置にとどまってしまっている例も多い．防犯環境設計の 4 原則の理解を，どのように具体的なデザインに反映させるかが設計者の知恵の見せどころである．防犯環境設計の実践が画一的な景観の創出につながらないためにも，概念の本質的な理解と多様なかたちでの応用が望まれる．

　第 3 には，価値包括的な視点をもつことである．たとえば，防犯環境設計が強調する「領域性」は，強調されすぎると排他性を強く感じさせる建築やまちとなり，犯罪企図者ではない生活者にとっても居心地の悪さを感じさせるものとなってしまう．同様の競合は，公園での見通し確保（景観との競合），フェンスなどによるアクセス制限（利便性との競合）や，街灯の設置（省エネや光害，コストとの競合）など，枚挙にいとまがない．建築やまちのデザインは公共性のある行為であり，デザインの対象となる場所において，何が重視すべき価値観であるのか，場所ごとに丁寧な検討プロセスを経る必要がある．

　第 4 には，環境デザインによる犯罪予防は，人の活動を媒介することによって達成されるという，本来の趣旨を重視することである．近年，IT の普及により，防犯環境設計の原則が人の活動の介在なしに達成されることも不可能ではなくなってきた．防犯カメラを密度高く設置すれば高水準の「監視性の確保」が可能であるし，敷地内の移動を生体認証等により厳しく制限すれば完全な「アクセス・コントロール」も可能であろう．しかし，ニューマンが，環境と犯罪予防の間に生活者の自衛行動の媒介を想定し，クロウが機械監視をあくまでも自然監視に対する補完的手段と位置づけたことに示されるとおり，防犯環境設計の考え方の基本は，人間が人間にかかわることにより犯罪予防を実現するところにあり，環境デザインの役割はそれを支援することにある．この基本を無視した防犯環境設計の実践は，犯罪予防の手段としては有効かもしれないが，人と人との関係を生み，地域社会の活性化に寄与するものにはならない．防犯環境設計の実践においては，環境デザインは，望ましい人と人との関係を創出するための手段である点を念頭に置くことが望まれる．

〔雨宮　護〕

◉コラム　割れ窓理論

●理論の概要

2020 年，文学・文化雑誌アトランティックは，米国の奴隷制 400 周年を踏まえ，163 年に及ぶ過去のアーカイブから，米国の人種差別に関する重要記事を選定した．そこに，1982 年 3 月にウィルソン（Wilson, J.）とケリング（Kelling, G.）によって執筆された「割れた窓：警察と近隣の安全」[1]と題する一本の論説が含まれている．この論説は，今日「割れ窓理論」として広く知られる，環境の荒廃から犯罪へと至るメカニズムを説明するものである．

割れ窓理論は，「ひとつの割れた窓が放置されると，それを見た者は，その建物が誰の管理下にもないと判断し他の窓を割るようになる．やがて建物の窓はすべて割られてしまう．」という一連の時系列的な過程を主張する理論である．ここで，「割れた窓」と「建物」は，「犯罪に至らないような小さな秩序違反行為」と「地域」の暗喩である．つまり割れ窓理論の主張は，環境の管理が杜撰で軽微な秩序違反行為が放置されるような地域社会の状況が，一方では，犯罪者に対して犯行が見とがめられるリスクを低く見積もらせることにつながり，他方では，住民の犯罪不安を高め，まちへの愛着を低下させ，公共空間で活動する意欲をなくさせる．そして，そのことがついにはより深刻な秩序違反行為である犯罪を呼び込んでしまうとするものである．

割れ窓理論が主張する秩序違反行為には，落書き・ゴミの放置・公共物の破壊・廃屋といった物理的なものと，泥酔者・路上生活者・物乞い・目的なくぶらぶらする若者といった社会的に「望ましくない」と評価されがちな人々の行動といった社会的なものがある（図 5.2.8）．割れ窓理論は，こうした秩序違反行為に対し，地域のコミュニティが警察の助力を得ながら積極的に対応することで，治安の悪化を防ぐことができると説明している．

●実証研究の展開と批判

割れ窓理論が想定する時系列的過程の妥当性や，理論の帰結としてもたらされる，秩序違反行為にターゲット

図 5.2.8　物理的秩序違反（左）と社会的秩序違反（右）の例（いずれも筆者撮影）

を当てた防犯対策の有効性に関しては，多くの実証研究が蓄積されてきた．前者の例としては，秩序違反行為と犯罪との関係を検証したものが多いが，そのほとんどは横断的データ分析に基づく推測であり，秩序違反行為が犯罪へと結びつく時系列的な過程を明らかにした研究では，弱い関連が示されるにとどまっている．2008 年にサイエンス誌に掲載されたカイザー（Keizer, K.）らの研究[2]は，フィールドでの実験から，落書きなどの秩序違反行為の存在が，その場所での窃盗などのより重篤な行為を促進することを示している．しかし，同研究も個人内での行動を説明するにとどまり，理論が本来想定する地域社会単位での時系列的過程を十分には説明できていない．

後者の例としては，警察による秩序違反行為への積極的な対応戦略（割れ窓型警察活動）の評価研究がある．しかし，その結果は芳しいものではなく，2017 年に米国科学アカデミーが行ったレビュー[3]では，犯罪への影響は「わずか，もしくはない」と結論づけられている．一方，同じ秩序違反行為への積極的対応でも，空き地・空き家の改善については，少なくとも短期的には効果があることが確認されている．割れ窓理論に基づく防犯対策は，何を「割れ窓」とするか，またどの主体がどのように取り組むかにより成否が分かれるものといえよう．

●社会への影響

学術的な評価とは裏腹に，割れ窓理論の社会への影響は大きい．小さな秩序違反行為に積極的に対応することで犯罪を防げるという単純明快なメカニズムは社会に共有されやすく，多くの取り組みの根拠となっている．

著名な取り組みに 1990 年代にジュリアーニ（Giuliani, R.）市政下のニューヨークで行われたゼロトレランス政策がある．これは，文字通り，犯罪に至らない秩序違反行為を積極的に取り締まるものである．ただし，その効果については懐疑的な見方が多い．また，米国では特に「割れ窓」の解釈次第で特定の人種的マイノリティへの厳格な対応がなされがちであることに対して，倫理的な批判がある．

日本の防犯まちづくりが環境の維持管理を強調する根拠も割れ窓理論に求められる．ただし，日本では，警察による積極的な取り締まりではなく，住民による清掃や落書き除去などのゆるやかな対応が中心である．5.2 節で取り上げた足立区では，割れ窓の対概念として「ビューティフル・ウィンドウズ」を掲げ，区民参加で美しいまちを作ることで安全なまちにしていく取り組みを実施し，効果をあげている．　　　　　　　　　〔雨宮　護〕

5.3 災害の人間環境学

1) はじめに

「災害」という言葉を聞いて，まず思い浮かぶのは地震や津波，洪水などであろう．こうした自然現象によって起きるものは狭義の「災害」で，特に「自然災害」とよばれる．一方，都市火災や航空機の墜落など主として人間の生活・生産行為によって起きるものは「技術的災害」とよばれ，両者を合わせて広義の「災害」とすることが多い．本節では，災害に対する人間の心理・行動とそれを考慮した都市・建築デザインのあり方について論じる．

自然災害が起こる仕組みを模式的に示したのが図5.3.1である．自然災害は，異常な自然の外力（ハザード）がわれわれの生活する人間社会に作用して発生する．これはきわめて単純なモデルではあるが，外力が同じでも，人間社会の状態が異なれば災害の大きさも変わってくることを意味する．仮に同じ大きさの地震が起こったとしても，都市と農村では被害の様態は大きく異なるだろう．裏を返せば，社会を構成する構築物（建築物や土木構造物など）の強さや人々の意識・行動を変えることで，被害を減らすことが可能ということである．

防災の分野では，「ハード防災」と「ソフト防災」という分類がなされることが多い．「ハード防災」とは，なんらかの構築物によって被害を軽減しようとする手法をさし，建物の耐震補強や堤防の建設などがこれに当たる．一方，「ソフト防災」とは，構築物によらずに被害を軽減しようとする手法であり，ハザードマップや避難訓練，土地利用規制などがある．ハード防災は確かに効果があるが，多額の費用がかかり，想定以上の外力には耐えられない．わが国の防災対策は従来，ハード防災が主流であったが，1990年代以降ソフト防災への関心が高まり，

図 5.3.1 自然災害が起きる仕組み

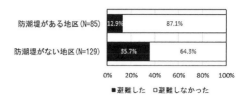

図 5.3.2 防潮堤の有無による避難実施率の比較
（沼津市での調査より）[1]

今日ではハードとソフトをバランスよく組み合わせて対策するという考え方が一般的になっている．

しかしながら，ハード防災も結局のところ，それを造り運用する人間の側の問題を抜きには語れない．たとえば，津波被害を減らすための代表的な構築物である防潮堤が整備された地区と整備されていない地区で住民の避難率や今後の避難意識を調査したところ，両地区とも津波に対する危機意識は高かったものの，実際の避難率には違いがあった（図5.3.2）[1]．これは，防潮堤に対して住民が過剰な依存心をいだき，迅速な避難が妨げられることを示しており，ハード（防潮堤）がソフト（避難）に影響するという構図であろう．災害に対してもハードとソフトを別々に考えるのではなく，構築物や自然環境などの物理的環境とコミュニティなどの社会的環境，人間の認知や行動の関係をつなぐ研究や実践が必要であり，それこそが人間環境学の視点だといえる．

2) 災害情報とリスク認知

災害に関連して必要となる情報の内容は，災害発生の前から後にわたる時間経過の中で変化する．専門家から一般市民への伝達が着目されがちであるが，一方的な関係ではなく，情報のやり取り（リスクコミュニケーション）として捉える必要がある．

●リスクとリスク認知

人や事物に対して損害を与えるような可能性のある現象や活動についての危険性をリスクといい，人々がリスクを主観的に捉えることをリスク認知という．リスク認知の対象は，災害だけでなく，犯罪や環境問題，株取引，ギャンブルなど不確実性を有する様々な事象に及ぶ．客観的なリスクは，「望ましくない事象の発生確率」と「発生する損失・障害の大きさ」の積で表現されるが，一般の人は専門的な数値をもとにリスクを実感しているわけではない．リスク認知には様々なバイアス（ゆがみ）があ

図5.3.3 世田谷区洪水・内水氾濫ハザードマップ（部分）[2]

り，客観的なリスクとは異なることが知られている．

●居住地の災害リスクに関する情報

災害の発生可能性が高い場所をその程度に応じて色分けして示した地図をハザードマップという．2000年の有珠山噴火の際に住民の円滑な避難に活かされたことでその有用性が認識されるようになり，現在では地震，津波，洪水，土砂災害，火山など様々なハザードに対して作成・公表が進んでいる（たとえば図5.3.3）．あくまである想定のもとで描かれているため，これをこえる被害が発生することもありうるが，リスクを客観的に表す情報として重要である．しかし，紙やWebの地図だけでは見る人が限定的であるため，生活空間内に浸水深や避難所などの情報を表示する取り組みも行われている．

●恐怖喚起コミュニケーション

恐怖感や危機感を高めて特定の態度や行動をとるよう説得する手法を恐怖喚起コミュニケーションという．ある程度までの恐怖は危険を回避する行動を増加させるが，恐怖が大きすぎると逆に行動をとらなくなる傾向があるとされている．防災分野では，災害の切迫性を伝えようとするあまり，カタストロフィックなイメージなどを用いて啓発活動が行われることが多いが，これは逆効果で，むしろ災害への関心や地域への愛着を高めることが有効である．

●オオカミ少年効果（誤報効果）

予知情報や警報が空振りに終わった場合，人々の信頼感が低下して次の警報が無視されがちになる．これをオオカミ少年効果，もしくは誤報効果という．災害時の警報は不確実性を伴い，空振りを恐れてなかなか発表しないと見逃しが多くなるというジレンマをかかえている．情報の精度を高めるとともに，誤った場合には原因を詳しく説明し，信頼を維持するよう努力すること，さらに空振りしてもよかったと思えるような社会にしていく必要がある．

3）災害時の避難行動

災害を避けるために，安全な場所へ逃れることを避難という．指定避難場所に移動する行動だけでなく，津波や洪水から逃れるために建物の上層階へ移動する「垂直避難」，屋外に出るのが危険な場合に屋内の安全を確保できる場所にとどまる「待避」も含まれる．避難を効果的に行うためには，各災害の性質について理解するだけでなく，地域の災害リスクや人間の行動特性を知っておく必要がある．

●知識と行動の不一致

「こうすればよいということはわかっていても，なかなか実行できない」ということは平時でもよくあることだが，災害時の避難にもあてはまる．たとえば，千葉県御宿町の沿岸地域で2008年に実施した調査では，大津波警報が出されれば95％の人が避難する意思を示したが，2011年の東日本大震災の際に同じ地域で実際に避難した人は約4割にとどまった（図5.3.4）．このような現象は「知識と行動の不一致」とよばれ，災害への対策行動などでも発生しやすい．

●正常性バイアス

避難しようと思っていても，なかなか避難できない理由の1つとして，「正常性バイアス（正常化の偏見）」とよばれる心理現象があげられる．これは，「ある範囲までの異常は異常だと感じずに，正常の範囲内として処理する心のメカニズム」[4] をさし，危険情報を信じないまたは拒否する態度，楽観視，

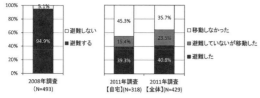

図5.3.4 避難に関する事前の意識と実際の行動
（御宿町での調査より）[3]

知識の欠如，他人事と考える心理などが介在した現象だと考えられている．これを打破するのは難しいが，少なくとも自分自身がそういう心理状態になりやすいということを知っておくだけでも違ってくると思われる．

●避難行動の説明モデル

人が避難意思決定（避難するかどうかの判断）を行う場合，避難実行に至るまでには，いくつかのプロセスがあるとされている．ペリー[5]は，警報を受け取ってから避難するまでには，「脅威は本物か」，「自分にとってリスクは大きいか」，「対応は可能か」という3つの重大な判断を経るとしている（図5.3.5）．

避難行動は災害情報に端を発した認知的過程と考えられることが多いが，実際には情報や警報を得ても避難しない人が少なくない．また，必ずしもフローチャートに沿ったように意思決定がなされるとは限らない．親戚から誘われて自宅を離れた，警官に促されたので命令と思って従った，妻が不安がったので家庭の平和を守るために避難したなどの様々なパターンがある．中村[6]は，こうした危険認知以外の要因を「社会的要因」と総称して，避難のオーバーフロー・モデルを提案している（図5.3.6）．これは，避難の主要因として「危険の認知」と「社会的要因」を考え，いずれの要素でも総体として十分高まれば避難が起きるというものである．一人一人が危険性を認知して避難意思決定できることは重要であるが，限界がある．緊急時には「今，災害が迫っている」という事実を社会全体で共有して，助け合って避難できるような仕組みづくりが求められる．

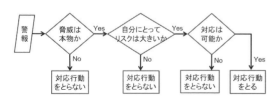

図5.3.5 ペリーの警報反応モデル（文献[5]を元に作成）

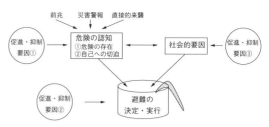

図5.3.6 避難のオーバーフロー・モデル[6]

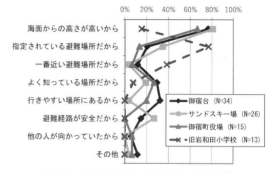

図5.3.7 避難場所ごとの選択理由（御宿町）[7]

●避難場所の選択要因

実際に避難を行う場合，避難する場所を選択する際には災害リスクに対する安全性だけでなく，自宅からの近さや行政による指定の有無，さらに日常的な認知度や安心感，移動手段なども影響してくる．図5.3.7は津波時における避難場所選択理由を示しているが，場所によって大きく異なっていることがわかる[7]．また，災害の種類によって指定避難場所が違う場合，住民が誤解して被害が拡大することがあるため，注意が必要である．

●避難経路の選択傾向

建築空間内において，避難経路を選択する際には，以下のような経路が選択されやすいことがわかっている．これは都市空間においてもある程度共通するものと考えられる．

①知っている経路を使う，②入ってきた経路を戻る，③明るい方向へ向かう（向光性），④開かれた方向へ向かう（向開放性），⑤まっすぐ進む（直進性），⑥目につく方向へ向かう，⑦近い経路に向かう，⑧他に追従する

設計の際はこうした人間の行動特性を理解し，日常利用する経路が避難経路と重なるように計画する，明るいほうや開けたほうに避難階段や一時避難場所を設けるなどの工夫が求められる．

●パニック

危機に面した各個人が，自分自身の安全のために他者の安全を無視する無秩序な反社会的行動をパニックという．災害時に「パニックが心配」という話がしばしば語られるが，パニックは実際には，①その場の多くの人が切迫した脅威を認知し強い恐怖を感じている，②自分の力では対抗できないとの極度の無力感を感じている，③脱出路が限られる，などのきわめて限られた条件のもとでしか発生せず，むしろ集団を導くリーダーが出現したり，臨時に暗黙のルールが作り出されたりして整然とした行動がとられることが多い．パニックを恐れて適切な情報を出さないことのほうが問題である．

4) 復旧・復興期の住まいと生活

災害は，人間と環境との関係に急激な変化をもたらす．図5.3.8に示すように，災害直後は避難所や親戚・知人宅などへの緊急避難が行われるが，自宅に住めなくなった場合は仮設住宅などへの仮住まいを経て恒久住宅へと移るケースが多い．災害時の生活拠点の移動（環境移行）は複数回に及び，変化も大きくなるため，新たな環境への適応過程が負担となりやすい．そのため，災害後の住まいには大量供給・スピード供給の発想だけではなく，被災者を支える役割が求められる．

●仮設住宅

応急仮設住宅は，住まいが被災し，自らの経済力では住宅を確保できない人々に対し，行政が用意する住宅である．新たに建設される「建設型仮設住宅」と民間の賃貸住宅を活用した「借上げ型仮設住宅（みなし仮設）」があり，東日本大震災以降，借上げ型の割合が大幅に増加した．

建設型仮設住宅はプレハブが主流であるが，東日本大震災の際には地元の工務店による木造仮設住宅

図5.3.9 コミュニティケア型仮設住宅のデッキ（釜石市）

図5.3.10 「仮設のトリセツ」（部分）[8]

も登場した．岩手県釜石市や遠野市に建設された「コミュニティケア型」とよばれる仮設住宅は，地場の間伐材による集成材パネルを利用し，住民どうしの交流機会を増やすために，デッキをはさんで玄関が向き合う特徴的な配置となっていた（図5.3.9）．

新潟大学岩佐研究室（当時）が実施した「仮設のトリセツ」プロジェクト[8]は，仮設住宅の住環境改善を支援する目的で，新潟県中越地震被災地における調査をもとに，居住者による住みこなしのノウハウをデータベースとして公開している（図5.3.10）．これは，居住者のコミュニケーションのきっかけや前向きな姿勢を育むのにもつながっている．

●コミュニティの拠点

阪神・淡路大震災では仮設住宅における孤独死やコミュニティの欠落による孤立が社会問題となった．その教訓から，東日本大震災では仮設住宅団地に集会所や談話室が設けられた．また，大船渡市の「居場所ハウス」のように民間資本により建設された施設が高齢者を中心とした人々の交流の場になっている例もある．復旧・復興期における居場所づくりや入居者どうしの交流支援は重要な課題である．

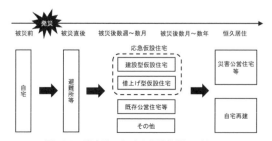

図5.3.8 災害時における環境移行のパターン

図 5.3.11 平時は憩いの場として機能している防災公園
（豊島区 イケ・サンパーク）

5） 防災・減災とまちづくり

　まちづくりにおいて，防災の視点は必要不可欠であるが，防災だけでは良いまちにならない．日常的な利便性や快適性などの視点も加え，総合的に質の高いまちを実現していくことが重要である．近年，日常時にも非常時にも価値を発揮する「フェーズフリーデザイン」という概念[9]が提唱されており，平時と緊急時の連続性を確保したデザインが生まれてきている．たとえば，東池袋の防災公園「イケ・サンパーク」は広い芝生やカフェを有する約1.7 haの憩いの場として利用されている公園である．非常用トイレ，深井戸，ヘリポートなどが整備され，首都直下地震などの大規模災害時には一時避難場所および区の災害対策拠点になる（図5.3.11）．

●防災まちづくりの種類

　防災まちづくりには都市レベル・地区レベル・建物レベルで様々な手法があるが，代表的なものは密集市街地における大地震の延焼被害を軽減する取り組みである．台東区根岸三丁目では，区とURが協力して土地区画整理事業と道路の拡幅が行われた．借家人の移転先として整備された集合住宅には下町の風情を残す格子状のファサードが施され，ベンチが設置されている（図5.3.12）．

　防災まちづくりは行政だけの仕事ではない．徳島

図 5.3.12 区画整理により拡幅された道路と元々住んでいた
人向けに建設された住宅（台東区）

図 5.3.13 住民によって整備された「マイ避難路」（美波町）

図 5.3.14 蔵造りの街並み（川越市）

県美波町では，住民がロープや立木を利用して高台にのぼる津波避難路を手造りで整備した（図5.3.13）．

●災害経験の伝承

　大きな災害が発生すると一時的に防災に対する関心は高まるが，いつのまにか忘れられてしまう（災害経験の風化）．これを防ぐためには，災害リスクの存在を定期的に認識できる仕掛けが必要である．災害の教訓を伝えるため昔から各地に記念碑や慰霊碑が建てられてきた．今日では災害の痕跡や被災した建築物などが「災害遺構」として保存されている．

●災害文化

　災害とともに生きていく工夫の集積を「災害文化」とよぶ．大きな災害が頻繁に発生する地域においては，災害による影響を最小限にするための建築やまちづくりの工夫，的確な状況判断のための知恵，コミュニティ全体で支えあう社会システムなどが伝えられてきた．たとえば，蔵造りの街並みは防火を目的として造られた景観である（図5.3.14）．

　災害が頻発化・激甚化している今日の社会において，都市や建築の安全性を向上させるためには，災害を知り，先人の知恵を受け継ぐとともに，人々の知恵と努力を結集して様々な最新技術を活用し，新たな災害文化を創り出していく必要がある．

〔諌川輝之〕

5.4　健康の人間環境学

1)　はじめに

　環境と健康という場合，環境が受動的な人間に影響すると考える場合が多いが，人間が能動的に行動する側面を合わせて考える必要がある．健康に関しては，WHO の定義が包括的であり，身体的，精神的，社会的な well-being を意味すると理解されているが，さらに「文化的」を含めるべき，という考え方もある．身体と精神は，本来一元的なものだが，ルネッサンス期に身体医学が出現し，しばらくは心身二元論が主流になった．しかし，19 世紀中頃には，ベルナールが「身体的病気に心理学的要因が影響している」ことを主張し，身体と精神を切り離して考えることの誤りが明らかになってきた．一方，東洋では古くから「心身一如」という心身一元論的な思想が主流であった．心身一元論は，現代の医学においては心身医学として発展しているといえよう．

　物理環境面からは，2 章で述べた温熱環境，空気環境，視環境，音環境などが，良好な状態に保たれることが身体的な健康にとっての必要条件であるが，本章では，人間環境学の視点から，人間の能動的な認知特性，身体活動などにも言及する．

　本節では，人間環境学の観点から，健康と都市・建築デザインについて，これまでに蓄積された知見を紹介する．　　　　　　　　　　〔松原斎樹〕

2)　住まいの健康リスクの低減

　住まいの健康リスクには，家庭内不慮の事故，熱中症，ヒートショック，空気汚染などによるアレルギー・感染症などがある．また，ヒヤリハットを含む軽微な事故や，不具合，不快感を感じることがある．健康リスクを低減するためには居住者の特性に対応した居住環境のバリアフリー化が求められる（図 5.4.1）．健康リスクは個人の心身状況に応じて異なり，その個別のリスクはバリアとなる．このバリアを低減することには，ユニバーサルデザイン（誰もが平等にという目的）ではなくバリアフリーデザインがふさわしい．

●居住環境バリアフリーの視点

　バリアフリーデザイン（以下，BF）とは，障がい者や高齢者が生活するうえで障壁となるものを除去したデザインのことである．多様な居住者の体型や運動能力の障壁を除去する「運動 BF」と，視覚，聴覚，温熱感覚など（音・熱・光・空気環境）の障壁を除去する「感覚 BF」の 2 つの側面がある．具体的には，「運動 BF」は，手すりの設置，段差の解消，車椅子が通行可能な通路幅，滑りにくい床などで実現される．「感覚 BF」の具体例は聞こえやすいサイン音，採光や照明，換気・風通し，空調（冷暖房器具）などである．2 つの BF を包括した「環境 BF」の視点で安全・快適・健康が実現できる（図5.4.1）．

●家庭内での不慮の転倒事故の防止

　家庭内での不慮の事故には，転倒，転落，溺水，火傷，中毒，窒息などがある．年間死者数は，1990年初頭の 6000 人前後から，長寿化により増加し2010

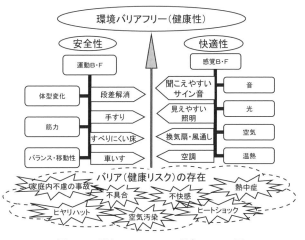

図 5.4.1　環境バリアフリーの視点　モデル図

年には 14000 人をこえており，65 歳以上の高齢者は約 85％ を占める．わが国の人口の推移を鑑みると今後のさらなる増加が危惧される．一方，5 歳以下の乳幼児の不慮の事故死は，少子化のため総数は減っているが，この年代で死因の 3 位を占める[1]．死因は高齢者は転倒が多く，乳幼児は転落が多い．転倒による骨折や，軽微な怪我や生活での不具合も生じている．

家庭内事故を防止するためには，事故の原因となっているバリアのない安全な住宅設計が求められる．1995 年に，「長寿社会対応住宅設計指針」が出され，住宅設計上の配慮事項が示された．転倒事故の未然防止を目的として，段差の解消，車椅子が通行可能な通路幅，手すりの設置などが示された．これは「運動 BF」に当たる．

2018 年国土交通省の調査では，なんらかの「BF 対応」をした住宅は半数で，手すりの普及率は比較的高く 4 割，浴室への配慮や段差の解消は 2 割にとどまっている[2]．

床に乱雑に物が置かれていれば，転倒の原因になるので，管理面では，家具の安全な配置や整理整頓が必要であり，整理整頓のしやすい環境づくりや周囲のサポートも望まれる．

●ヒートショックとその対策

冬期は，日本の家屋は熱的な性能が低いので低温環境の健康リスクとしてヒートショック（以下 HS）がある．（発生機序は 2.4 節 1）項に記載）

HS 死者数（人口動態統計の不慮の事故「家庭内の溺死・溺水」）は，増加しつつあり，その 90％ 以上が高齢者である．溺死／溺水である可能性が高くても，医師が死因を心疾患・脳血管疾患などと判断すると，家庭内の溺死・溺水には該当しなくなるので，統計数よりも多いと推定される．

「入浴中の溺死」は日本特有の入浴方法とかかわっている．HS による死亡率は北海道のほうが温暖地よりも低い．このことは意外に思われるかもしれないが，北海道は住宅の断熱性能が高いことと，全館

常時暖房する習慣が多く，室内・室間の温度差が小さく，かなり暖かいことによると考えられる[3]．室内の寒さは高齢者にとって健康によくない温熱環境バリアといえる．

室内温熱環境の改善の方法の 1 つに断熱改修があるが，外壁・屋根・床など大規模改修は，高額でおおがかりなために実施が容易ではないが，窓の断熱は比較的容易で，効果も期待できる．居間の窓断熱の施工後に，居住者が浴室の窓の外側に気泡緩衝材を貼るなど自発的な環境改善行動を誘発するという副次的な効果が見られた例もある[4]．

●熱中症とその対策

夏期は，地球温暖化とヒートアイランド現象の影響により熱中症の発生が増加している．熱中症による死者数は夏期の最高気温と相関し，約 80％ が高齢者で，発生場所は半数以上が住宅内である．

有効な熱中症対策に，「室内温熱環境の制御」と「危険性の認知」がある[5]．医学分野からの「水分・塩分補給や体調管理」がよく知られていることと比較すると，室内温熱環境制御はあまり普及していない．環境省は熱中症の危険度を示す WBGT を情報提供している．その数値を「暑さ指数」「熱中症危険度」などとしてテレビなどのマスメデイアが放送しているので，こまめにチェックして，熱中症危険度を認知し，予防に役立てることができる．

健康科学分野のヘルスビリーフモデルによれば，予防的保健行動のきっかけは，マスメデイアのキャンペーン，他人からの勧め，家族や友人の病気，新聞雑誌の記事である[6]．熱中症の予防的保健行動のきっかけとして，暑さ指数などが活用されることは有効である．冷房は，室内を涼しくする手軽な方法であるが，設定温度を実際の温度と誤解する場合が少なくないので，温度計で確認する必要がある．

●「見える化」による室内環境の管理

「見える化」とは，計測値を可視化することに加えて現状の問題点を認知し，解決法を考えること，それを繰り返すことを意味する．居住者が温度測定

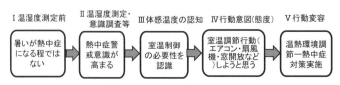

Ⅰ 温湿度測定前　Ⅱ 温湿度測定・意識調査等　Ⅲ 体感温度の認知　Ⅳ 行動意図（態度）　Ⅴ 行動変容

暑いが熱中症になる程ではない → 熱中症警戒意識が高まる → 室温制御の必要性を認識 → 室温調節行動（エアコン・扇風機・窓開放など）しようと思う → 温熱環境調節─熱中症対策実施

図 5.4.2　見える化による行動変容　熱中症対策の例

を行い，危険性を認知し，回避する方法を考え実践すること，たとえば，室温を測定し，熱中症の危険性を認知することにより，エアコン使用，日よけの設置などの対策行動が促進されたとの報告がある（図5.4.2）[7]．居住者が意識的に，健康に良い方向に行動を変容することは，本人の主体性を重視するものであるので，高齢者の認知症対策にもつながる．

新型コロナウィルス対策で換気を行う場合に，CO_2計や温湿度計の数値を目安にして管理することが提案されている．現象を見える化し科学的に捉え，数字で考えることにより，危険度を正しく認知することにつながる．

センサーやICTの進歩により，温度，湿度，照度，騒音などの物理環境要素，体温，脈拍，血圧などのバイタルデータ，歩数，運動量，睡眠状態など人の行動の可視化が急速に普及している．このような技術を活用する場合，使用者が技術の長所と欠点を十分に理解して，健康リスクを低減するという目的を見失わず，その影響を評価していくことが肝要である．　〔柴田祥江〕

3) 緑による癒しの空間づくり

環境による回復を説明する理論の1つが注意回復理論（attention restoration theory）[8]である．人間は，能動的注意を働かせて，仕事や勉強をするが，長時間続けると疲労してしまう．このような状態にあるときに，何か（対象）にふと無意識に注意（受動的注意）が向けられて回復することがわかっている．カプラン夫妻は，受動的注意を引き付ける4つの要因（①魅了，②逃れること，③広がり，④適合性）をあげている．①は人を引き付けること，②は疲労の原因から逃れること，③は気分を変えるための場所に来たことを感じさせ，心を遊ばせる「広がり」があること，④は目的の行動との適合性を意味している．自然は受動的注意を喚起させる要素を多く含み，自然へ無意識に注意が向くことで，精神的な疲労が軽減するとされる．また，米国の社会生物学者エドワード・ウィルソンが提唱した「バイオフィリア仮説」[9]によると，人間は生得的に生命および生命に似た過程に対して関心をいだく傾向にある．人類が出現したころ，ヒトはアフリカのサバンナ，後にはヨーロッパやアジアの，まばらに生えた木々や小さい森が点在する広大な草原の環境で暮らしていた．草原では充分な食糧となる動植物を得られ，見晴らしがよかった．自然淘汰と適応の過程で，本能的にサバンナのような風景を美しいと感じるようになった．現代の人は，狩猟・採集生活のためではなく，木々が点在する開けた場所を好んで生活環境に選び，なければ人工的に庭園を造ったりすると推論されている．このようなメカニズムにより，自然の要素は人間に肯定的な情動反応を起こさせ，癒しを感じさせうる．

●身近な室内空間の植物による癒し

日常生活の中で接する機会の多い緑としては，住宅の庭や室内の植物，職場や学校の緑などがある．森林などの自然や公園などの都市緑地に比べ，量や質において自然度は低いが，これらの身近な緑によっても，人々は心理・生理的に効用を享受できる．

オフィスでは，室内植物が生産性・快適性を高める要素として導入されている．建築環境を評価する観点に「健康」が取り入れられ，バイオフィリックデザインの一環として豊かに緑化されたオフィスも登場してきている（図5.4.3）．

オフィス環境での注意疲労に室内植物が及ぼす影響に関する実験[10]では，文章を読み上げ，文章の最後の言葉を記憶して回答するreading span task（RST）で注意力（作業成果）が測定された．RSTは実験室入室後と15分の校正作業および5分の休憩後の3回実施された．植物なしの条件では，入室後に比べ作業後の作業成果に変化がなく，植物ありでは，作業後の作業成果が向上し，室内植物が注意を要する作業の間の疲労を防ぐことが明らかにされた．

甲状腺切除手術を受けた患者を，植物のある病室

図5.4.3 植物と自然素材によるバイオフィリックデザイン（撮影：小川泰祐）

とない病室に割り振り，術後の経過を比較した実験[11]では，入院日数が植物ありで 6.08 日，植物なしで 6.39 日と，植物なしに比べてありで有意に短かった．また，術後 4 日目から 5 日目の鎮痛剤の量は，植物なしに比べ，植物ありで有意に少なく，術後の回復が植物のある病室で促進されたと示唆されている．

台湾の中学 2 年生を対象に行われた実験[12]では，教室の後方に植物を設置したクラスと設置していないクラスが設定された．約 2 か月半の期間，植物ありでは，なしに比べ，病欠時間（植物あり 2.149，なし 5.984）と非行による処罰数（あり 0.015，なし 0.522）が有意に少なく，教室内の植物による生徒の健康や行動へのポジティブな影響が示唆された．

●植物にかかわること

オフィスワーカーのデスク（図 5.4.4）や住宅室内など，個人の空間で植物を利用する場合，その植物を見るだけでなく，世話をするなど，植物とのかかわりが発生する．オフィスワーカーの卓上に 10 週間植物を置いて行われた現場実験[13]では，設置する植物を自身で選択するか否かと世話するか否かの条件が設けられた．植物を選択した条件で植物への満足度が高く，世話をした条件で今後の利用意思が高く，植物のストレス緩和効果を高く評価する傾向が示された．他にも，気分転換や癒しを求め，卓上の植物に接触すること[14]や休憩室で植物に意図的に接触・観察すること[15]による肯定的影響も報告されている．また，生徒が教室の植物の世話を行うことで，ストレスが緩和され，クラス内のコミュニケーションが促進されるとの報告もある[16, 17]．主体的に植物にかかわることが，室内植物による効用をより強く感じさせると推測される．

価値観により植物への意識に個人差が見られるこ

図 5.4.4 デスクに置かれた小型植物

とも報告されており，利用者のライフスタイルや価値観に応じた，日常的にかかわり合いをもてる緑の取り入れ方を，空間デザインとして提案することが，居住者の健康に資する環境形成につながると期待される．緑による癒しの空間を，安全性や審美性および快適性などとともに実現し，総合的に質の高い空間を形成することが求められる． 〔加藤祥子〕

4) 身体活動を促す都市・建築デザイン
●座りすぎによる不健康

現代人の多くは，身体活動が少ない．「座位行動時間」（座位，臥位などの姿勢で行われる代謝量 1.5 Met 以下の覚醒行動の時間）が肥満，糖尿病，心臓病などと関係することが報告されている．ある程度の運動習慣がある場合でも，座位行動時間が長いと，健康状態がよくないことが報告されている[18]．そこで，座りすぎに対する改善策として，昇降デスクや立ち机などを導入しているオフィスも増えつつある．また，近年のオフィスでは，フリーアドレス（座席を固定しないシステム）が増えているが，高さの異なるテーブルの設置など，色々なスペースを用意して，座位行動時間の短縮をめざすオフィスデザインは増加しつつある．長時間の座りすぎを防止するさらに創造的な空間デザインのアイディアは重要である．

●歩いて生活できる都市デザイン

米国では肥満が深刻な課題であり，2010 年には，成人の約 68％が BMI25 以上（日本では，男女とも 30％未満）という状況であった．この原因の 1 つは身体活動の不足であるために，身体活動を促す対策が検討されるようになってきた．日本においても，運動不足は死亡リスクの要因の 3 位なので，運動不足の人々に，定期的な運動習慣をもたせることが重視されている．「健康日本 21（第二次）」（2013 年）でも，日常生活における一日の歩数の目標値や「健康作りのための身体活動基準 2013」など，身体運動が重視されている．また，WHO は，2025 年までに身体運動不足の人を 10％減らすことを目標にしている．これまでに運動を習慣化するために，個人の動機づけを高める介入が取り組まれてきたが，集団のすべての人が運動を実践することはほぼ不可能である．

一方，都市空間の現状としては，土地利用を単一

の用途に限定することで，スプロール開発された戸建て住宅地が広大に広がり，自動車利用を前提とした複雑な道路網や大規模なショッピングセンターが配置される都市ができあがってきた．

このような都市の住民は，自動車に過度に依存して，身体活動が少なくなり，肥満，生活習慣病の罹患のリスクが高まる．そこで，都市デザインの観点から，自動車に依存するのではなく，「歩いて生活できる」都市（コンパクトシティのような集約型の都市）にすることで，その地域全体の人々の身体活動を促すという取り組みが注目されるようになってきた[19]．

最近では，「歩いて生活できる」という意味で「ウォーカブル」「ウォーカビリティ」が用いられている．これまでの多くの研究で，ウォーカブルな空間では，人々の身体活動が促されるために，健康水準が高いことを示されており，公衆衛生学，都市計画学，健康地理学などの研究分野間の協力も進んでいる．

個人の努力に期待するのではなく，地域の環境のデザインにより，暮らしているだけで健康を保つこ

図 5.4.5 ウォーカブルな都市空間（パリ，カルチェラタン）
（撮影：宗田好史）

図 5.4.6 ウォーカブルな都市空間（京都，三条通）
（京都市提供）

とにつながるので，医学的な立場からは，「ゼロ次予防」の一種と考えられている[20]．都市・建築デザインが疾病の予防につながることは注目すべきである．

日本の事例として，千葉県柏市柏の葉地域では，「健康で快適な暮らしを支える生活空間，歩行環境を充実させる」ために，ウォーカブルデザインガイドラインを策定している．具体的には，土地利用の多様性を高めること，ヒューマンスケールの歩行空間ネットワークをつくることなどを都市・建築デザインのアイデアに取り入れることで，健康水準を高めることを目指している[20]．

一方，全国的な人口減少により，緑地や水辺に獣が進出することが増えており，地域によっては歩くことが危険になる事例もあるので，この点については注意する必要がある．

●日本における歩いて生活できる都市

日本の多くの都市は，米国の郊外都市ほど極端な車優先社会ではないので，肥満に対する危機感は，少なからず異なる．日本では，健康以外に，都市のアメニティを向上させ，歩く喜びを増し，観光・消費の需要を刺激する観点も重視されている．京都市の，「歩くまち・京都」憲章（2010 年）は，健康よりも，にぎわいや歩く魅力に力点がある．このような都市デザインは，人々の感情をポジティブにすることによる健康効果も期待される．ポジティブ感情時には，回復効果の促進，免疫力の向上，主観的幸福感の上昇などが生じるという報告もあるからである[21]．

また，これまでの公衆衛生学，健康地理学，都市計画などの研究では，歩いて生活できる都市が健康づくりの支援になるというデータが多い．一方，その恩恵は所得，教育，職業などによる格差があるといわれているので，デザイン提案を考えるうえでは，様々な想像力を働かせることが必要である．

都市・建築デザインの世界では，あるデザイン案の提示，建設，使用後評価を経て，常に創造的なデザイン案を考えることが求められている．人間にとってよい都市・建築デザインを考えるうえで，「健康」という観点も含めて，広い視野で多面的に考える学びを期待したい．　　　　　　　　　〔松原斎樹〕

5.5 持続可能な社会の人間環境学

1) はじめに

2015 年に国連で採択された「持続可能な開発目標（Sustainable Development Goals）2030」は「誰一人取り残さない」持続可能で多様性と包摂性のある社会の実現のため，貧困対策，気候変動対策など17 項目をあげており，都市・建築デザインに多くの課題が関係している．

●気候変動対策に対する意識の特殊性

日本に住む人々の気候変動に対する意識には，特殊性が指摘されている．パリ協定が締結される直前に世界各国で行われた調査において，気候変動対策は，「多くの場合，生活の質を高めるものである」と回答した割合は，世界平均 66% に対して日本は17% であった[1]．省エネルギーとは生活水準を維持したままエネルギー消費量を削減することであるが，日本では不快な環境に耐えて節約することと誤解されている傾向がある．この原因には，わが国の多くの啓発活動では，「こまめな省エネ」などが過度に強調され，社会全体のポジティブな方向への改革に結びついていないという問題が示唆される．本来は，国土計画，交通計画，都市構造，建築物などのあり方を根本的に検討すべき課題であるにもかかわらず，個人の意識と行動の問題に矮小化してきたことがこのような意識に反映している可能性がある．わが国で，気候変動対策に取り組むうえで，この事情は理解しておく必要がある．

●気候変動対策と相乗効果

わが国では，急速な人口減少が確実視されている一方，各種インフラの老朽化も進行しており，脱炭素対策への多額の財政支出は困難が予想されるので，他の施策とあわせて相乗効果を得る対策が必要である．たとえば，欧州では地元の木材を使って高断熱の公共住宅を建設することで，省エネルギーのみならず，地域の建設業者の技術力の向上や，低所得者の光熱費の削減という相乗効果を生み出している例があり，参考にすべき点は多い．日本でも，脱炭素社会への転換が，過疎地の経済や雇用，生活水準の向上につながる展望が見えてくると，気候変動

対策が「生活の質を高める」という認識に変化していく可能性は十分にあるだろう．

一方，都市・建築を持続可能にするためには，建築の性能向上だけではなく，住生活の質を高めて持続可能にすることも非常に重要である．

本節では，持続可能な社会のあり方に関係する環境配慮行動の理論を紹介するとともに，都市・建築のハードウェアと，居住者の暮らしの質を高めるデザインという観点から論じる．

2) 環境問題に関する諸理論
●環境に配慮する行動のモデル

個人の利益を優先すると集団全体の利益が損なわれ，集団全体の利益を優先すると個人の利益が損なわれるという状況は，社会的ジレンマとよばれている．本節に関しては，自身の利便性を優先させると，地球環境が悪化し，結局は自身にも不利益がもたらされる状況を意味している．持続可能な社会，地球環境を目指すためには，環境配慮行動（環境に優しい行動）を多くの人に広げていくことが重要であり，このモデルに関する社会心理学的な研究が数多くなされている[2]．

アイゼン（Ajzen, I.）[3] の計画的行動理論（theory of planned behavior）は，行動に対する態度，行動に関する統制感，主観的規範によって，行動意図が形成され，行動として実行される，と考えている（図5.5.1）．行動に対する態度（＝個人の考え）は，たとえば「住宅を新築するときには省エネルギー性能を重視するべき」というようなものである．主観的規範は，多くの人々が常識と考えていることであり，たとえば『新聞・雑誌を古紙としてリサイクルするのは常識』というような認識である．また，行動に

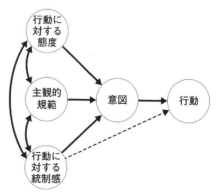

図 5.5.1 計画的行動理論の図式（文献[3] をもとに作成）

図 5.5.2 ステージモデル（文献[5] をもとに作成）

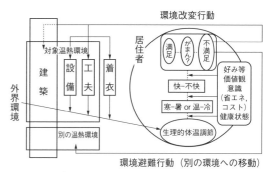

図 5.5.3 居住者による環境形成のモデル[6]

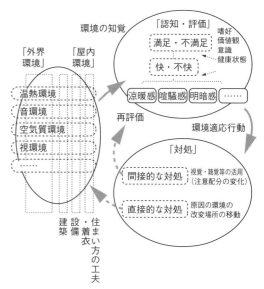

図 5.5.4 居住者による評価と対処のモデル[7]

対する統制感は，行動の実行可能性の認識である．

　また，環境配慮行動の実践に至るまでには，いくつもの段階があると考えられている．一般的な態度（意識）と個別の行動が一致しないことに注目して，目標意図と行動意図 2 段階に分けた広瀬のモデル[4]があるが，その発展形ともいえる，目標意図，行動意図，実行意図，新行動の 4 段階で説明するステージモデル[5] がある（図 5.5.2）．第 1 段階では，目標意図をもち，たとえば旅行に行く場合，短時間で楽に移動できる環境負荷の大きい手段か，時間はかかるが環境負荷の小さい手段かなどの選択をする．第 2 段階では，行動意図をもち，目標を達成するための最適な方法を選択する．第 3 段階では，実行意図をもって，選択された方法を実生活で実践する．第 4 段階では，自分がやった行動を振り返って，今後必要な行動を決定し，過去の行動に戻らないように誘惑と葛藤する．このような段階を経て，環境配慮行動が定着すると考えられている．

●**建築における環境負荷と生活行動のモデル**

　前項の環境配慮行動のモデルは人間の心の問題として扱う社会心理学的な成果であるが，都市・建築デザインをイメージしにくい．ここでは建築・都市デザインのヒントにするために建築環境と環境負荷の課題に関連した人間の行動モデルを紹介する．

　建築がもたらす環境負荷は，建設時，運用時，廃棄時に分けられる．運用時の負荷のうち，暖冷房に伴う負荷は，居住者の寒暑の認知と温熱環境の調節行動が大きく影響する．

　住宅居間における居住者の意識，行動などを熱環境への適応や改変行動とみなすモデル（図 5.5.3）では，重要な判断の分岐を「満足-不満足」におき，「寒暑」や「温冷感」→「快不快」の評価がその下部構造をなしており，「寒暑」→「温冷」→「快不快」の評価は階層構造をなすと考えている．価値観や健康状態が，「快不快」や「満足」の判断に影響すると考えている．

　さらに，視覚，聴覚などに関する要因も含めたモデル[7] では，五感を通じて環境を知覚し，「認知・評価」の段階で，「快不快」，「満足」の評価と対処を方向づける（図 5.5.4）．この段階で，体質や価値観などの個人差が反映される．また，視環境や音環境，あるいは文化的価値なども含めた総合的評価が行われる．「対処」の段階では，その原因となる環境への直接な対処（冷房による暑熱環境の改善，場所の移動など），間接的な対処（注意配分の変化など）に分岐する．その結果，環境に対して新たな認知と評価が行われる．この点が人間環境学的な視点であり，次項の議論のベースになっている．〔松原斎樹〕

3) 住まいにおける生活者の視点とグローバルな環境のかかわり

●高断熱化と高齢化

気候変動対策として住宅の高断熱化による暖冷房エネルギー削減が進められ，さらに高効率設備や再生可能エネルギーを組み合わせて年間の一次エネルギー消費量の収支をゼロにするネット・ゼロ・エネルギーハウス（ZEH）の普及が図られている．同時に超高齢社会への対応策として，高断熱化による冬期室温の改善が高齢者の健康寿命を延ばして医療費を抑制する効果も期待されている．しかし，高断熱化や ZEH 化はあくまでハードウエア改善の一手法であり，それがすべての問題を解決するわけではない．たとえば，国の都市政策としてコンパクトシティへの転換が打ち出されて久しいが，多くの地方都市ではいまだに田畑をつぶしてのミニ宅地開発が続いている．このような将来のインフラ維持や移動手段の確保が見通せない土地に建つ住宅がいかに高性能で省エネルギー的であったとしても，長期にわたって居住者の暮らしを支えることはできない．

また，限界集落が増加しており，以前は中山間地域や離島で目立っていたが，近年は高度経済成長期に開発された郊外住宅地や団地でも同様の状況が生まれている．集落存続の様々な取り組みが行われているが，それでも存続できない集落や住宅は「閉じ」ざるをえない．近いうちに「閉じ」られ，空き家となる住宅を高断熱住宅に建て替えるのは現実味がなく，断熱改修の費用を捻出するのも難しい．そしてそのような世帯ほど暖冷房に費用を掛けられない．古くて断熱の劣る住宅に住む高齢者の生活や健康をどのように守るのか，ハードウエアだけでは解決しないことも多く，少しでも暖かく涼しくすごすための暮らしの工夫が必要である．

●住まい方と暖房の仕方

日本の家庭での消費エネルギーは高度成長からバブル期にかけてライフスタイルの変化とともに増加した．現在は人口減少や省エネ家電の普及によって減少傾向にあるが，単身世帯の増加などによる世帯数の増加が省エネルギーの障害となっている．

一方，日本の世帯当たりエネルギー消費量は欧米諸国よりも少ない．図 5.5.5 からもわかるように，大きな原因は暖房エネルギーが少ないことであり，その理由は温暖な気候条件よりも暖房習慣による．

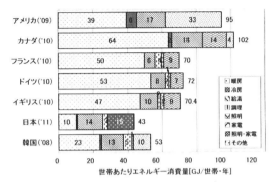

図 5.5.5 家庭でのエネルギー消費量[8]

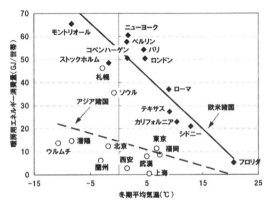

図 5.5.6 各都市の冬季平均気温と暖房用エネルギー消費量の関係[8]

図 5.5.6 を見ると東京や福岡では冬季平均気温の低さに比して暖房用エネルギー消費が少ないことが一目瞭然である．図中に引かれた 2 本の線からは日本を含むアジア諸国と欧米諸国の暖房習慣の差異，あるいは暖房の格差が読み取れる．日本では欧米のように住居内全体を連続的に暖房するのではなく，居住者が在室する部屋を在室時間だけ暖房する．夏向きに造られた断熱気密性に劣る住宅では空間全体を温めるのが難しいのでそのような暖房習慣が根付いたと思われる．また断熱の悪い住宅は住戸内全般が低温なため，暖房が最も充実している居間に家族が集まる．見方によれば，日本では住宅の断熱気密性が低いために部分間欠の暖房や採暖にとどまっていたことが，家庭でのエネルギー消費の抑制や家族関係の醸成に貢献してきたともいえる．

家族が集まってすごすことの効率性は世帯人数とエネルギー消費の関係にも表れており，世帯の人数が多いと 1 人当たりの消費量は少なくなる（図 5.5.7）．現代の日本では年齢を問わずに孤立が大きな問題となっており，集まってすごすことの価値が

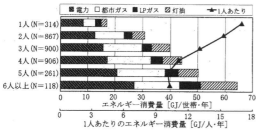

図 5.5.7 世帯人数とエネルギー消費量[9]

見直されている．また，家族以外の人とモノや場所をシェアする取り組みも増えており，集まりやシェアを意図した建築・空間のデザインが広まっている．集まることやシェアすることは人間関係を豊かにするだけでなくエネルギー効率のメリットも大きい．

一方，図 5.5.6 において札幌が欧米諸国に近いことからわかるように，北海道では全館連続の暖房習慣が根づいている．その背景には長く厳しい冬をすごすための住まい方がある．北海道では冬季に家の中ですごす時間が長く，雪と寒さのために物干し，子供の遊び，日曜大工などの軽作業や軽い運動など，多様な活動が室内に持ち込まれる．寒さに制約されることなく住居内全体を広く使えること，活動的に生活できることは豊かな暮らしのための必須条件である．そのため北海道では早期から高断熱住宅や全館暖房の普及が図られてきた．ハードウェアの充実に目が行きがちだが，それらが住まい方を反映した環境デザインを実現するための手段であることが重要である．

●居住者による環境への働きかけ

近年は日本社会全体が「効率的」な生活に追われ，コラムにある防寒・防暑の工夫のように手間と時間の掛かる行為は，非効率的なものとして切り捨てられている．しかし，日本では酷暑・厳寒期を除けば少しの工夫で暑さ・寒さをしのぐことが可能で，季節に応じて日射や通風の調節をしながら外部とのつながりを保って暮らすことに心地よさを感じる人も多い．また，外部空間への関心が増せば，住宅の周辺環境にも目を向けるようになり，長期的には都市環境の改善につながる．さらに重要なことは，身のまわりの環境と能動的にかかわることが空間に対する評価を高めることである．居住者が防寒・防暑行為によって室内温熱環境の形成に能動的にかかわることで暖冷房だけでは得られない高い満足感が期待できる．豊かな暮らしを実現するためには，単に高性能・高効率な住宅ではなく，居住者が意図した環境を自ら創り出すことができる能動的に働きかけやすい住宅であることが重要である．　　〔澤島智明〕

●コラム　住宅での防暑・防寒行為とその担い手

宮田ら[11] は西日本 4 地域の戸建住宅世帯の防暑行為について調査を行い，伝統的な防暑行為（打ち水，夕涼み，夏用の敷物への取替，すだれの使用，風鈴の使用）を「やめてしまった」時期と理由の関係を分析している．結果，調査年（2008 年）に近づくほど「意識・価値観の変化」「自身・家族の変化」に分類される理由が増加すること，後者については高齢化や核家族化が影響していることを指摘している．

一方，著者の近年の調査では，伝統的な防暑行為のように手間のかかる行為のみならず，窓開放による通風・排熱といった比較的手軽な防暑行為すら行わない世帯が増えている．理由は様々であるが，共働き世帯の増加によって防暑行為の主たる担い手であった「専業主婦」が減少している影響も見逃せない．以前は主婦のみが在宅する日中の時間帯に「もったいない」から暖冷房を控え，防暑・防寒の工夫をこらして暑さ寒さをしのいで（または我慢して）いる世帯が多く，その工夫が家族で共有されて生活に根付いていた．その最も基本的な行為が窓とその附属物の開閉操作である．現在の共働き世帯では少しでも手間のかかる行為は省略され，閉じた空間で暖冷房を利用して「効率的」に生活をしている．女性の社会進出によって，これまで主婦の無償労働に住まいの管理を頼り，省エネルギーを我慢に頼っていたことが明白になったともいえる．　　〔澤島智明〕

文　　献

● 1 章

1) Gibson, J. J.: *The Ecological Approach to Visual Perception*, Houghton Mifflin, 1979.（古崎敬，古崎愛子，辻敬一郎，村瀬旻 訳：生態学的視覚論—ヒトの知覚世界を探る—, サイエンス社，1985）

2) Moore, G.T.: Environment-Behavior Studies, in Snyder, J.C. et al. eds: *Introduction to Architecture*, McGraw-Hill Book Co., pp. 46-71, 1979.

3) Rapoport, A. : *House Form and Culture*, Prentice-Hall, p. 8, 1968.（山本正三 他 訳：住まいと文化，大明堂，1987）

4) Newman, O.: *Defensible Space: Crime Prevention Through Urban Design*, Collier Books, New York, 1972.（湯川利和 他 訳：まもりやすい住空間—都市設計による犯罪防止—, 鹿島出版会，1976）

5) Zeisel, J.: Inquiry by Design: *Tools for Environment-Behavior Research*. Cambridge University press, pp. 9-16, 35, 1981.（根建金男 他 監訳：デザインの心理学—調査店研究からプランニングへ—, 西村書店，1995）

6) Neisser, U.: *Cognition and Reality: Principles and Implications of Cognitive Psychology*, W. H. Freeman Co., 1976.（古崎敬，村瀬旻 訳：認知の構図，サイエンス社，1978）

7) 中島義明，大野隆造 編：すまう—住行動の心理学—（人間行動学講座 3 巻），朝倉書店，1996.

8) 南 博文 編著：環境心理学の新しいかたち，誠信書房，2006.

9) 佐古順彦，小西啓史 編；環境心理学（朝倉心理学講座 12 巻），朝倉書店，2007.

10) Rapoport, A.: *Culture, Architecture, and Design*, Locke Science Publishing Company, 2005.（大野隆造，横山ゆりか 訳：文化・建築・環境デザイン，彰国社，2008）

11) 大野隆造，小林美紀：人間都市学，井上書院，2011.

12) 芝田征司：環境心理学の視点，サイエンス社，2016.

● 2 章
2.1 節

1) 大井尚行：視環境の快適性の 3 要素　よい照明とは，人工環境デザインハンドブック編集委員会編：人工環境デザインハンドブック，pp. 226-227，丸善，2007.

2) Kirlik, A. : Brunswikian resources for event-perception research, *Perception*, **38**, pp. 376-398, 2009.

3) 伊福部達：気配のもとを聴覚から探る，日経サイエンス，1993 年 10 月号，日経 BP 社，1993.

4) Smith, J.（中村眞次 訳）：五感の科学，オーム社，1991.

5) 酒井邦嘉：心にいどむ認知脳科学，岩波書店，1997.

6) 千葉康則：記憶の大脳生理学，講談社，1991.

2.2 節

1) 色のシミュレーター：https://asada.website/cvsimulator/j/index.html

2) 色の眼鏡：https://asada.website/chromaticglass/j/index.html

3) 照明学会普及部 編：照明の基礎知識　中級編（新・照明教室）改訂 2 版，一般社団法人照明学会，2019.

4) Kruithof, A. A.: Tubular luminescence lamps for general illumination, *Philips Technical Review*. **6**, pp. 65-96, 1941.

5) 乾正雄：照明と視環境（建築設計講座），理工図書，1978.

6) Inoue, Youko and Akitsuki, Yuki: The Optimal Illuminance for Reading: Effects of Age and Visual Acuity on Legibility and Brightness, *Journal of Light & Visual Environment*, **22** Issue 1, pp. 23-33, 1998.

7) Watson, A. B. and Yellott, J. I.: A unified formula for light-adapted pupil size, *Journal of Vision*, **12**(10): 12, pp. 1-16, 2012.

8) 矢野正，金谷末子，市川一夫：高齢者の不快グレア—光色との関係—, 照明学会誌，**77**(6)，pp.296-303, 1993.

2.3 節

1) 前川純一，森本政之，阪上公博：建築・環境音響学，共立出版，2020.

2) 新建築学大系編集委員会 編：環境物理（新建築学体系 10），第 5 章 音・振動，彰国社，1984.

3) 日本建築学会 編：建築設計資料集成（環境），丸善出版，2007.

4) ISO 226: 2003: Acoustics-Normal equal-loudness-level contours.

2.4 節

1) 黒木尚長：入浴中の事故—ヒートショックと入浴熱中症—, 日本医師会，健康プラザ，549，2021 年 12 月 05 日号.

2) 日本建築学会 編：建築環境工学用教材 環境編，丸善出版，2015.

3) 日本ヒートアイランド学会 編：ヒートアイランドの事典，朝倉書店，2015.

4) ISO 7730: Ergonomics of the thermal environment: Analytical determination and interpretation of thermal comfort using calculation of the PMV and PPD indices and local thermal comfort criteria, ISO, 2005

5) 日本生気象学会：日常生活における熱中症予防指針 Ver. 4, 2022. https://seikishou.jp/cms/wp-content/uploads/20220523-v4.pdf

6) 石井 仁，渡邊慎一：UTCI の開発過程と特徴，日本生気象学会雑誌，**57**(4)，pp. 107-115, 2021.

7) 渡邊慎一，石井仁：日傘による UTCI 低減効果に関する実証的研究，日本建築学会大会学術講演梗概集，pp. 1175-1178, 2020.

8) 寺田寅彦：さまよえるユダヤ人の手記より，思想，1929.（『寺田寅彦全集 第 3 巻』岩波書店，1997 所収）

9) 寺田寅彦：涼味数題, 週刊朝日 (銷夏読物号), 1933.(『寺田寅彦全集 第 3 巻』岩波書店, 1997 所収)

10) 大野秀夫, 久野覚, 堀越哲美, 土川忠浩, 松原斎樹, 伊藤尚寛：快適環境の科学, 朝倉書店, 1993.

11) 環境省：熱中症環境保健マニュアル, 2018. https://www.wbgt.env.go.jp/pdf/manual/heatillness_manual_full.pdf

12) 空気調和・衛生工学会：快適な温熱環境のしくみと実践, 空気調和・衛生工学会, 2019.

13) 彼末一之 監修：からだと温度の事典, 朝倉書店, 2010.

2.5 節

1) 竹村明久, 山中俊夫, 甲谷寿史：建築材料から発生するにおいの主観評価に関する研究, 日本建築学会環境系論文集, 第 630 号, pp. 999-1004, 2008.

2) 竹村明久, 山中俊夫, 甲谷寿史, 光田恵：温湿度条件がにおいの閾値及び主観評価に及ぼす影響 その 2 α-ピネン, トルエン, メチルメルカプタンに関する検討, 日本建築学会大会学術講演梗概集, D-1, pp. 791-792, 2003.

3) 竹村明久：濃度をパラメータとしたアロマ精油のかおり評価特性 (その 2) 閾値測定と回帰モデルに基づく心理評価傾向の把握, 空気調和・衛生工学会学術講演会講演論文集, pp. 93-96, 2016.

4) 空気調和・衛生工学会：空気調和・衛生工学便覧第 14 版 1 基礎編, 2010.

5) International WELL Building Institute. *WELL Building Standard* (v2) Delos Living LLC, New York. 2018.

6) REHVA (Federation of European Heating and Air-conditioning Associations)：オフィスにおける室内気候と知的生産性―知的生産性評価を組み込んだライフサイクルコスト分析―, 社団法人空気調和・衛生工学会, 2008.

7) Wargocki, P., Wyon, D. P. and Fanger, P. O.: Pollution source control and ventilation improve health, comfort and productivity, *Proceeding of Cold Climate HVAC '2000*, Sapporo, pp. 445-450, 2000.

8) 坂口武司, 山中俊夫, 甲谷寿史, 桃井良尚, 相良和伸, 張　成：温暖地に建つ学校建築における階段室型自然換気チムニーが冬期の屋内熱環境に及ぼす影響, 日本建築学会環境系論文集, 第 703 号, pp. 763-770, 2014.

9) 窪内祐子, 相良和伸, 山中俊夫, 甲谷寿史, 樫原未宏：都市のオープンスペースにおける利用者の環境評価に関する研究 (その 3), 日本建築学会大会学術講演梗概集, D-1, pp. 873-874, 2004.

10) 坂口武司, 山中俊夫, 甲谷寿史, 桃井良尚, 相良和伸：学校建築におけるコミュニティスペースの環境条件と利用実態に関する研究, 日本建築学会環境系論文集, 第 736 号, pp. 569-578, 2017.

11) 鈴木弘之, 田村明弘：街路に沿う歩行空間の喧騒感に及ぼす緑の効果, 日本音響学会誌, **45**, pp. 374-384, 1989.

12) Russel, J. A. & Ward, L. M.: Environmental Psychology, *Annual Review of Psychology*, **33**, pp. 651-688, 1982.

13) 日本建築学会：室内の臭気に関する対策・維持管理規準・同解説 日本建築学会環境基準 AIJES-A0003-2019, 日本建築学会, pp. 41-43, 2019.

14) Seppanen, O. & Fisk, W. J.: Some quantitive relations between indoor environment, performance and health, *Proceedings of the International conference on Indoor Air Quality and Climate*, Beijing., 2005.

15) 大野秀夫, 久野覚, 堀越哲美, 土川忠浩, 松原斎樹, 伊藤尚寛：快適環境の科学, 朝倉書店, 1993.

16) Wicker, A. W.: *An Introduction to Ecological Psychology*, Cambridge University Press, 1984.

17) Seppanen, O., and Fisk, W. J.: Some quantitative relations between indoor environment, performance and health, *Proceedings of the International conference on Indoor Air Quality and Climate*, Beijing., 2005.

2.6 節

1) 村田純一：味わいの現象学―知覚経験のマルチモダリティ―, ぷねうま舎, 2019.

2) チャールズ・スペンス (長谷川圭 訳)：「おいしさ」の錯覚　最新科学でわかった, 美味の真実, 角川書店, 2018.

3) 堀江悟郎, 桜井美政, 松原斎樹, 野口太郎：室内における異種環境要因がもたらす不快さの加算的表現. 日本建築学会計画系論文報告集, **387**, pp. 1-7, 1988.

4) Grether, W., C. S. Harris, and M. Ohlbaum: Pasampson, and JC Guignard. Further study of combined heat, noise and vibration stress. Aerosp. *Med*, **43**(6), pp. 641-645, 1972.

5) 松原斎樹：建築の複合環境評価研究における非特異的尺度の意義, 日本建築学会東海支部研究報告集, **25**, pp. 233-236, 1987.

6) 重野純：音の世界の心理学 (第 2 版), pp. 163-177, ナカニシヤ出版, 2014.

7) 桑野園子：音環境デザイン (音響テクノロジーシリーズ 12), pp. 120-122, コロナ社, 2007.

8) 岩宮眞一郎：視聴覚融合の科学 (音響サイエンスシリーズ 11), pp. 62-98, コロナ社, 2014.

9) 朝倉功：聴感実験における視覚情報の影響, 日本音響学会誌, **74**(12), pp. 657-661, 2018.

10) 堀江悟郎, 桜井美政, 松原斎樹, 野口太郎：加算モデルによる異種環境要因の総合評価の予測, 日本建築学会計画系論文報告集, **402**, pp. 1-7, 1989.

11) 長野和雄：複合影響研究における環境の総合快適性評価の視点, 日本生気象学会雑誌, **41**(3): pp. 87-93, 2004.

12) 長野和雄, 尾崎志穂, 堀越哲美：気温と騒音が青年女性の快適感と受容感に及ぼす影響　複数物理環境条件下における環境規準の開発　その 1, 日本建築学会環境系論文集, **78**(691), pp. 679-687, 2013.

13) Matsubara, N., Gassho, A. and Kurazumi, Y.: Combined effect of temperature and color on thermal sensations, *Proceedings of 3rd International Conference on Human-Environment System*, Tokyo, Japan, September 12-15, pp. 353-356, 2005.

14) 坂本英彦, 松原斎樹, 藏澄美仁, 合掌顕, 土川忠浩：眼球運動測定装置を用いた hue-heat 説の検討　室温・色彩からなる複合環境が人の注視行動に与える影響 その 1, 日本建築学会計画系論文集, **615**, pp. 9-14, 2007.

● 3 章

3.1 節

1) Gibson, J. J.: *The Ecological Approach to Visual Perception*, Houghton Mifflin, 1979. (古崎敬, 古崎愛子,

　　辻 敬一郎，村瀬旻 訳：生態学的視覚論—ヒトの知覚世界を探る—，サイエンス社，1985)

2)　Neisser, U.: *Cognition and Reality: Principles and Implications of Cognitive Psychology*, W.H. Freeman Co., 1976.（古崎敬，村瀬旻 訳：認知の構図，サイエンス社，1978)

3.2 節

1)　小原二郎監修，渡辺秀俊，岩澤昭彦 著：新装 インテリアの人間工学—住空間の計画と設計のための科学—，ガイアブックス，2018.

2)　日本建築学会 編：建築設計資料集成 人間，丸善，2003.

3)　渡辺秀俊：身体と座，高橋鷹志，長澤泰，西出和彦：環境と空間，pp. 20-50，朝倉書店，1997.

4)　Gibson, J. J.: *The Senses Considered as Perceptual Systems*, Houghton Mifflin, 1966.（佐々木正人，古山宣洋，三嶋博之 監訳：生態学的知覚システム—感性をとらえなおす—，東京大学出版会，2011)

5)　Gibson, J. J.: *The Ecological Approach to Visual Perception*, Houghton Mifflin, 1979（古崎敬，古崎愛子，辻敬一郎，村瀬旻 訳：生態学的視覚論—ヒトの知覚世界を探る—，サイエンス社，1985)

6)　大野隆造：環境視の概念と環境視情報の記述法—環境視情報の記述法とその応用に関する研究（その1）—，日本建築学会計画系論文報告集，**451**，pp. 85-92, 1993.

7)　Lee, D. N. & Lishman, J. R.: Visual proprioceptive control of stance, *Journal of Human Movement Studies*, **1**(2), pp. 87-95, 1975.

8)　Norman, D. A.: *The Design of Everyday Things: revised and expanded edition*, MIT Press, 2013.（岡本明，安村通晃，伊賀聡一郎，野島久雄 訳：誰のためのデザイン？—認知科学者のデザイン原論 増補・改訂版—，新曜社，2015)

9)　鈴木健太郎：行為の推移に存在する淀み—マイクロスリップ—，佐々木正人，三嶋博之：アフォーダンスと行為，pp. 47-84，金子書房，2001.

10)　三嶋博之：エコロジカル・マインド—知性と環境をつなぐ心理学—，日本放送出版協会，2000.

3.3 節

1)　Sommer, R.: *Personal Space: Updated The Behavioral Basis of Design*, Bosko Books, 2007.

2)　ロバート・ソマー（穐山貞登 訳）：人間の空間—デザインの行動的研究—，鹿島出版会，1972.

3)　エドワード・ホール（日高敏隆，佐藤信行 訳）：かくれた次元，みすず書房，1970.

4)　ロバート・ギフォード（羽生和紀・槙究・村松陸雄 監訳）：環境心理学（上），北大路書房，2005.

5)　日本建築学会 編：建築環境心理生理用語集，彰国社，p. 213, 2013.

6)　高橋鷹志，高橋公子，初見学，西出和彦，川嶋玄：空間における人間集合の研究：その4 Personal Space と壁がそれに与える影響，日本建築学会大会学術講演梗概集，No. 56, pp. 1229-1230, 1981.

7)　後藤匠，関戸洋子，大崎淳史，西出和彦：宇宙での微小重力下の限定空間におけるコミュニケーション時の所作について—ISS 国際宇宙ステーションでのケーススタディと地上対照実験をもとに—，日本建築学会計画系論文集，**84**(761),pp.1559-1567, 2019.

8)　Altman, I.: *The Environment and Social Behavior*, Wadsworth publishing Company, Inc., 1975

9)　アーウィン・アルトマン，マーティン・チェマーズ（石井真治 監訳）：文化と環境，西村書店，1998.

10)　Stokols, D.: On the distinction between density and crowding: Some implications for future research, *Psychological Review*, **79**(3), pp. 275-277, 1972.

11)　Rapoport, A.: *Human Aspects of Urban Form*, Pergamon Press, 1977.

12)　Rodin, J., Solomon, S. K., & Metcalf, J.: Role of control in mediating perceptions of density, *Journal of Personality and Social Psychology*, **36**(9), pp. 988-999, 1978.

13)　Alexander, C.: *Houses Generated by Patterns*, Centre for Environmental Structure, 1969.

3.4 節

1)　Osmond, H..: Function as the basis of psychiatric ward design, *Mental Hospitals*, **8**, pp. 23-30, 1957.

2)　J. アプルトン（菅野弘久 訳）：風景の経験—景観の美について—，法政大学出版局，pp. 94-99, 2005.

3)　R. ソマー，（穐山貞登 訳）：人間の空間，鹿島出版会，1972.

4)　日本建築学会 編：生活空間の体験ワークブック—テーマ別建築人間工学からの環境デザイン—，彰国社，2010.

3.5 節

1)　Tolman, E. C.: Cognitive map in rats and men, *Psychological Review*, **55**(4), pp. 199-208.

2)　ケヴィン・リンチ（丹下健三・富田玲子 訳）：都市のイメージ，岩波書店，1968.

3)　Hutchinson, A.: *Labanotation The System of Analyzing and Recording Movement*, Third Edition, Revised, Routledge, 1991.

4)　ローレンス・ハルプリン（Lawrence Halprin）：PROCESS: Architecture, No. 4, 1978.

5)　Judith Kleinfeld: Visual memory in village eskimo and urban caucasian children, *Artic*, **24**(2), 132-138, 1971.

6)　今井むつみ：ことばと思考，岩波書店，2010.

7)　トヴェルスキー，バーバラ（渡会圭子 訳）：Mind in Motion—身体動作と空間が思考をつくる—，森北出版，2020.

8)　Appleyard, D.: Styles and methods of structuring a city. *Environment and Behavior*, **2**(1), 100-117, 1970.

9)　寺本潔：子ども世界の地図—秘密基地・子ども道・お化け屋敷の織りなす空間—，黎明書房，1988.

10)　Golledge, R. G.: Learnig about urban environments. Carlstein, T., Parkes, D., and Thrift, N. eds.: *Timing Space and Spacing Time*, vol. 1. Arnold, pp. 76-98, 1978.

11)　林久美・伊藤俊介：経路探索方法の変容—山手線のスケッチマップを事例にして—，第26回人間・環境学会大会口頭発表，2019.

12)　廣瀬通孝：ヒトと機械のあいだ—ヒト化する機械と機械化するヒト—，岩波書店，2007.

13)　デイヴィッド・カンター（宮田紀元・内田茂 訳）：場所の心理学 THE PSYCHOLOGY OF PLACE，彰国社，1982.

3.6 節

1)　藤竹暁 編：現代人の居場所（現代のエスプリ別冊　生

活文化シリーズ 3），至文堂，2000.

2)　レイ・オルデンバーグ（忠平美幸 訳）：サードプレイス—コミュニティの核になる「とびきり居心地よい場所」—，みすず書房，2013.

3)　小俣謙二：住環境—人と住まい，地域のむすびつきの研究—，佐古順彦，小西啓史 編環境心理学（朝倉心理学講座 12），朝倉書店，2007.

4)　Twigger-ross, Clare L. and Uzzell, David L.: Place and identity processes, *Journal of Environmental Psychology*, **16**, PP. 205–220, 1996.

5)　ケヴィン・リンチ（丹下健三，富田玲子 訳）：都市のイメージ，岩波書店，1968.

6)　Low, Setha M.: Symbolic ties that bind: Place attachment in the plaza. In K. Altman & S. M. Low（Eds.）, *Place Attachment.* New York: Plenum Press, pp. 166–185, 1992.

7)　呉宣児，園田美保：場所への愛着と原風景，南博文 編著，環境心理学の新しいかたち（心理学の新しいかたち 10），誠心書房，2006.

8)　日本建築学会 編：まちの居場所—まちの居場所を見つける／つくる—，東洋書店，2010.

9)　大谷華：場所と個人の情動的なつながり—場所愛着，場所アイデンティティ，場所感覚—，環境心理学研究，**1**(1)，pp. 58–67, 2013.

●4章

4.2 節

1)　（公）住宅リフォーム・紛争処理支援センター：住宅相談統計年表 2020 資料編 https://www.chord.or.jp/documents/tokei/soudan_siryou_web2020.html（2021.10.6 参照）

2)　狩野紀昭 他：魅力的品質と当り前品質，品質，**14**(2)，pp. 147–156, 1984.

4.3 節

1)　讃井純一郎，乾正雄：レパートリーグリッド発展手法による住環境評価構造の抽出 認知心理学に基づく住環境評価による研究(1)，日本建築学会計画系論文集，No. 367，pp. 15–22, 1986.

2)　讃井純一郎，乾正雄：個人差および階層性を考慮した住環境評価のモデル化 認知心理学に基づく住環境評価による研究(2)，日本建築学会計画系論文集，No. 374，pp. 54–59, 1987.

3)　Kelly, G. A.: *The Psychology of Personal Constructs, Vol. 1, 2*, W. W. Norton, New York, 1955.

4)　古賀誉章，高 明彦，宗方淳，小島隆矢，平手小太郎，安岡正人：キャプション評価法による市民参加型景観調査 都市景観の認知と評価の構造に関する研究その 1，日本建築学会計画系論文集，No. 517，pp. 79–84, 1999.

5)　土田義郎：主観的類似度評定を用いた認知構造の同定手法の提案，日本建築学会技術報告集，**18**(38)，pp. 225–228, 2012PAC 分析による環境評価の認知構造分析 類似度評価の簡略化の工夫，日本建築学会学術講演梗概集，環境工学 I，pp. 741–742, 2003.

6)　日本建築学会 編：住まいと街をつくるための調査のデザイン—インタビュー／アンケート／心理実験の手引き—，オーム社，2011.

7)　赤尾洋二編：新製品開発と品質保証—品質展開システム—，標準化と品質管理，**25**(4)，pp. 7–14, 1972.

8)　超 ISO 企業研究会：製品の監視・測定のポイント 付図 25-1「要求品質→品質特性」変換の考え方（品質表），http://www.tqm9000.com/home/point/explain/p25_1.php（2021. 12. 7 確認）

9)　狩野紀昭，瀬楽信彦，高橋文夫，辻新一：魅力的品質と当り前品質，品質，**14**(2)，pp. 147–156, 1984.

10)　高彦，小島隆矢，大石恵，讃井純一郎，平手小太郎：環境評価項目の表す「品質」に関する一考察，日本建築学会大会学術講演梗概集，D-1，pp. 727–728, 1997.

11)　環境庁（現環境省）：大気環境・自動車対策「残したい日本の音風景 100 選」，https://www.env.go.jp/air/life/nihon_no_oto/，(2021.12.11 確認)

12)　伊丹弘美，辻村壮平，安井基浩，須藤理恵：鉄道駅における理想的な女性トイレ空間に関する研究 その 3 評価構造図に基づいたイメージ図の作成，日本建築学会学術講演梗概集．環境工学 I，pp. 221–222, 2019.

13)　伊丹弘美，辻村壮平，安井基浩，高橋晃久：鉄道駅における理想的な男性トイレ空間に関する研究 その 3 評価構造図に基づいたイメージ図の作成，日本建築学会学術講演梗概集．環境工学 I，pp. 223–224, 2020.

14)　辻村壮平，安井基浩，伊丹弘美：鉄道駅における理想的な女性トイレ空間に関する研究 その 2 女性の年齢層ごとの評価構造の差異に関する検討，日本建築学会学術講演梗概集．環境工学 I，pp. 219–220, 2019.

15)　丸山玄，成田一郎：評価グリッド法によるシナリオ実践の試み ヒューマナイジング（施設利用者の視点）による建築計画手法を目指して，日本建築学会学術講演梗概集．D-1，環境工学 I，pp. 137–140, 2009.

16)　小島隆矢，武藤浩，槙究：建物外観の汚れ感評価に関する研究 その 2 個別尺度法と共通尺度法を併用した評定調査，日本建築学会学術講演梗概集．D-1，環境工学 I，pp. 805–806, 2001.

4.4 節

1)　日本建築学会 編：よりよい環境創造のための環境心理調査手法入門，技報堂出版，2000.

2)　日本規格協会：JIS ハンドブック 57 品質管理，2021.

3)　辻村壮平，伊積康彦，廣江正明，豊田恵美：鉄道駅における高齢者のための案内放送の提示レベルに関する研究，騒音制御，**40**(2)，pp. 81–89, 2016.

4)　辻村壮平：鉄道駅における案内放送の発話速度の違いが聴感印象に及ぼす影響，日本建築学会環境系論文集，**754**，pp. 937–944, 2018.

5)　日本建築学会 編：建築・都市計画のための調査・分析方法（改訂版），井上書院，2012.

6)　日本建築学会 編：住まいと街をつくるための調査のデザイン，オーム社，2011.

7)　辻村壮平：多変量の比較実験における統計手法の基礎と応用，日本音響学会誌，**72**(2)，pp. 95–102, 2015.

4.5 節

1)　Wolfgang F. E. Preiser, Edward White, Harvey Rabinowiz: *Post-Occupancy Evaluation*（Routledge Revivals），Routledge, 2016.

2)　室内環境フォーラム 編：オフィスの室内環境評価法 POEM-O 普及版，ケイブン出版，1994

3)　日本サステナブル建築協会（JSBC）：SAP 知的生産性測定システム http://www.jsbc.or.jp/sap/notes.html（2022.

7.27 確認）

4) （財）建築環境・省エネルギー機構 編：誰でもできるオフィスの知的生産性測定　SAP 入門，テツアドー出版，2010.

5) 宗方淳 他：知的生産性に関する研究その 4　知的生産性システム SAP の開発，日本建築学会大会学術講演梗概集（北陸），＃40013, 31-32, 2010.

6) Green Building Japan ホームページ　https://www.gbj.or.jp（2022.7.27 確認）

7) CASBEE 建築環境総合性能評価システム https://www.ibec.or.jp/CASBEE/casbee_health/index_health.htm

4.6 節

1) Zentall, S. S.: Learning environments: A review of physical and temporal factors. *Exceptional Education Quarterly*, **4**, pp. 90-115, 1983.

2) 上野佳奈子：特別支援教育のための音環境デザイン，日本音響学会誌，**77**(5), pp. 302-307, 2021.

3) 伊藤景子，横山ゆりか，山本利和：児童の発達特性から見た教室レイアウトについての考察—通級指導教室保護者へのアンケート調査から—, *MERA Journal*, **23**(2), pp. 1-10, 2021.

4) 佐々木心彩，羽生和紀，長嶋紀一：高齢者の施設適応度測定指標の開発：痴呆の程度と居室の個人化からの検討，老年社会科学, **26**(3), pp. 289-295, 2004.

5) 松野由夏：地場産の木材で建築とエネルギーをまかなう最上町の特別養護老人ホーム 紅梅荘：設計 みかんぐみ（特集 現代の医療福祉施設：少子高齢化時代に向けた働きかけ），新建築, **87**(16), pp. 118-125, 2012.

6) 日本建築学会 編：建築空間のヒューマナイジング—環境心理による人間空間の創造—, 彰国社，2001.

7) Mehrabian, A.: Individual differences in stimulus screening and arousability. *Journal of Personality*, **45**(2), pp. 237-250, 1977.

8) 越智啓太：日本版環境刺激敏感性尺度の作成とその特徴，環境心理学研究, **7**(1), pp. 20, 2019.

9) Heckle, R. V. & Hiers, J. M.: Social distance and locus of control, *Journal of Clinical Psychology*, **33**, pp. 469-474, 1977.

10) Sonnenfeld, J.: Personality and behavior in environment. *Proceeding of Associate of American Geographers*, **1**, pp. 136-140, 1969.

11) Mckechnie, G. E.: The environment response inventory in application, *Environment and Behavior*, **9**, pp. 255-276, 1977.

● 5 章

5.2 節

1) Jacobs, J.: *The Death and Life of Great American Cities*, Random House, 1961.（ジェーン・ジェイコブズ，山形浩生 訳：アメリカ大都市の死と生，鹿島出版会，2010）

2) Newman, O.: *Defensible space: Crime Prevention Through Urban Design*, Macmillan Publishing, 1972.（オスカー・ニューマン，湯川利和・湯川聰子 訳：まもりやすい住空間—都市設計による犯罪防止—，鹿島出版会，1976）

3) Jeffery, C. R.: *Crime Prevention Through Environmental Design*, Sage Publications, 1971.

4) Crowe, T. D.: *Crime Prevention Through Environmental Design*, Butterworth-Heinemann, 1991.（ティモシー・D・クロウ，高杉文子 訳・猪狩達夫 監修：環境設計による犯罪予防，（財）都市防犯研究センター，1994）

5) 湯川利和：不安な高層・安心な高層—犯罪空間学序説—, 学芸出版社，1987.

6) 警視庁子ども・女性の安全対策に関する有識者研究会提言書，https://www.keishicho.metro.tokyo.lg.jp/kurashi/anzen/anshin/kodomo_josei_anzen.html（2022.7.27 確認）

7) 樋野公宏，雨宮護：集合住宅における侵入窃盗の時空間的近接—福岡県警察犯罪予防研究アドバイザー制度に基づく分析—, 都市計画報告, **16**, pp. 24-27, 2017.

8) 樋野公宏：「防犯まちづくりデザインガイド〜計画・設計からマネジメントまで」の作成と普及，住宅, **60**(11), pp. 61-68, 2012.

9) 樋野公宏：住宅地の防犯，ベース設計資料 187（建築編），pp. 42-46, 2020　https://www.kenkocho.co.jp/html/publication/187/187_pdf/187_11.pdf（2022.7.27 確認）

10) 柴田久：地方都市を公共空間から再生する—日常のにぎわいをうむデザインとマネジメント—, 学芸出版社，2017.

11) 福岡大学景観まちづくり研究室プロジェクトレポート：警固公園再整備事業，http://www.tec.fukuoka-u.ac.jp/tc/labo/keikan/works/project/2011_kego/project_kego.htm,（2021 年 10 月 4 日確認）

12) 中村攻：子どもたちを犯罪から守るまちづくり—考え方と実践・東京・葛飾からのレポート—, 晶文社，2012.

13) 樋野公宏・石井儀光・渡和由・秋田典子・野原卓・雨宮護：防犯まちづくりデザインガイド〜計画・設計からマネジメントまで，建築研究資料, 134, 2011. 独立行政法人建築研究所，2011 https://www.kenken.go.jp/japanese/contents/publications/data/134/134-all.pdf,（2022.7.27 確認）

14) 国土交通省：防犯まちづくり取組事例集，2020.　https://www.mlit.go.jp/common/001361605.pdf（2022.7.27 確認）

15) Kelling, G. L., & Wilson, J. Q.: Broken windows. *Atlantic Monthly*, **249**(3), pp. 29-38, 1982.

16) Keizer, K., Lindenberg, S., & Steg, L.: The spreading of disorder. *Science*, **322**(5908), pp. 1681-1685, 2008.

17) National Academies of Sciences, Engineering, and Medicine: *Proactive policing: Effects on crime and communities*, National Academies Press, 2018.

5.3 節

1) 諫川輝之，横山ゆりか：防潮堤の存在が住民の津波リスク認知と避難行動に及ぼす影響—沼津市静浦の事例から—, 人間・環境学会誌（MERA ジャーナル），**22**(1), pp. 59-68, 2019.

2) 世田谷区：世田谷区　洪水・内水氾濫ハザードマップ（多摩川洪水版），危機管理部災害対策課，2020.

3) 諫川輝之，村尾修，大野隆造：津波発生時における沿岸地域住民の行動—千葉県御宿町における東北地方太平洋沖地震前後のアンケート調査から—, 日本建築学会計画系論文集，**77**(681), pp. 2525-2532, 2012.

4) 広瀬弘忠：人はなぜ逃げおくれるのか—災害の心理学—, 集英社，2004.

5) Perry, R. W.: Evacuation decision-making in natural

disasters, *Mass Emergencies*, **4**, pp. 25-38, 1979

6)　中村功：避難の理論，吉井博明，田中淳編：災害危機管理論入門，pp. 154-163, 弘文堂，2008.

7)　諫川輝之，大野隆造：住民の地域環境に対する認知が津波避難行動に及ぼす影響―千葉県御宿町の事例から―，日本建築学会計画系論文集，**79**(705), pp. 2405-2413, 2014.

8)　法政大学（当時：新潟大学）岩佐研究室：仮設のトリセツ―仮設住宅を住みこなすための方法―，https://kasetsukaizou.jimdofree.com/（2021.10.15 確認）

9)　松崎元，佐藤唯行，秦康範，西原利仁，目黒公郎：フェーズフリーの概念とフェーズフリーデザインへの展開，日本デザイン学会研究発表大会概要集，pp. 114-115, 2018.

10)　大野隆造 編：地震と人間，朝倉書店，2007.

11)　廣井脩 編：災害情報と社会心理，北樹出版，2004.

5.4 節

1)　厚生労働省：人口動態調査 人口動態統計 確定数 死亡，2021 https://www.e-stat.go.jp/dbview?sid=0003411678（2022.7.27 確認）

2)　平成 30 年住宅・土地統計調査の集計結果 2018 https://www.stat.go.jp/data/jyutaku/index.html（2022.7.27 確認）

3)　健康維持増進住宅研究委員会/健康維持増進住宅研究コンソーシウム 編著：健康に暮らすための住まいと住まい方エビデンス集，技法堂出版，2013.

4)　北村恵理奈，柴田祥江，松原斎樹：居住者視点によるヒートショック対策の検討，日本生気象学会雑誌，**53**(1), pp. 3-12, 2016.

5)　日本生気象学会：日常生活における熱中症予防指針 ver. 3, 2013.

6)　土井由利子：4 ヘルス ビリーフ モデル，畑栄一 編，行動科学―健康づくりのための理論と応用―，pp. 37-40, 南光堂，2003.

7)　柴田祥江，松原斎樹：介入調査を通した啓発による熱中症対策の可能性，人間・環境学会誌，**22**, pp. 19-23, 2020.

8)　Kaplan, S.: The restorative benefits of nature: toward an integrative framework, *Journal of Environmental Psychology*, **15**, pp. 169-182, 1995.

9)　Wilson, E. O.: *Biophilia*, Harvard University Press, 1984.（狩野秀之 訳：バイオフィリア―人間と生物の絆―，ちくま学芸文庫，2008）

10)　Raanaas, R. K., K. H. Evensen, D. Rich, G. Sjotrom and G. Patil: Benefits of indoor plants on attention capacity in an office setting: *Journal of Environmental Psychology*, **31**(1), pp. 99-105, 2011.

11)　Park, S. H. and R. H. Mattson: Therapeutic influences of plants in hospital rooms on surgical recovery: *HortScience*, **44**(1), pp. 102-105, 2009.

12)　Han, K. T.: Influence of limitedly visible leafy indoor plants on the psychology, behavior, and health of students at a junior high school in Taiwan: *Environment and Behavior*, **41**(5), pp. 658-692, 2009.

13)　仁科弘重，山本直樹，高山弘太郎，竹野淳一，臼田和正：観葉植物がオフィスワーカーに及ぼすアメニティ効果の解析，日本生物環境工学会設立大会講演要旨，pp. 228-229, 2007.

14)　鄭蒙蒙，矢動丸琴子，中村勝，江口恵五，岩崎寛：オフィスの個人デスクに設置した植物への接触が勤務者の心理に

与える影響，日本緑化工学会誌，**44**(1), pp. 119-122, 2018.

15)　鎌田美希子，中尾総一，阿部建太，岩崎寛：オフィスにおける休憩室の緑化が利用した勤務者の心身に及ぼす影響，日本緑化工学会誌，**47**(1), pp. 63-68, 2021.

16)　三並めぐる，仁科弘重，続木寛子，高山弘太郎：教室内に植物を置くことおよび植物を育てることが高校生の心理に及ぼす効果の解析，*Eco-Engineering*, **23**(2), pp. 47-55, 2011.

17)　三並めぐる，仁科弘重，古谷朋子，高山弘太郎：生徒どうしで協力して植物を育てることが高校生の心理に及ぼす効果の解析，*Eco-Engineering*, **23**(4), pp. 111-122, 2011.

18)　Van der Ploeg, H. P., Chey, T., Korda, R. J., Banks, E., & Bauman, A.: Sitting time and all-cause mortality risk in 222 497 Australian adults. *Archives of internal medicine*, **172**(6), pp. 494-500, 2012.

19)　中谷友樹，埴淵知哉：ウォーカビリティと健康な街，日本不動産学会誌，**33**(3), pp. 73-78, 2019.

20)　花里真道：Walkability を高める地域デザイン 柏の葉ウォーカブルデザインガイドラインを通じた取り組み，日本不動産学会誌，**33**(3), pp. 59-63, 2019.

21)　山崎勝之：ポジティブ感情の役割―その現象と機序―，パーソナリティ研究，**14A**(3), pp. 305-321, 2006.

22)　WHO: Housing and health guidelines, 2018. https://www.who.int/publications/i/item/9789241550376（2022.7.27 確認）

23)　本明寛：健康心理学とは，日本健康心理学会 編，健康心理学概論（健康心理学基礎シリーズ 1），pp. 3-14, 実務教育出版，2002.

24)　羽生和紀：環境心理学，サイエンス社，2008.

5.5 節

1)　木原浩貴：気候変動対策の捉え方と脱炭素社会への態度―心理的気候パラドックスの観点から―，博士学位論文，2019.

2)　芝田征司：環境心理学の視点，サイエンス社，2016.

3)　Ajzen, I.: The theory of planned behavior. *Organizational Behavior and Human Decision Processes*, **50**(2), pp. 179-211, 1991.

4)　広瀬幸雄：環境配慮的行動の規定因について，社会心理学研究，**10**(1), pp. 44-55, 1994.

5)　Bamberg, S.: Changing environmentally harmful behaviors: A stage model of self-regulated behavioral change. *Journal of Environmental Psychology*, **34**, pp. 151-159, 2013.

6)　松原斎樹・澤島智明：冬期の住宅居間の熱環境と居住者の意識・住まい方 その 3 居住者による熱環境形成と評価のモデル，日本建築学会大会学術講演梗概集(D), pp. 449-450, 1992.

7)　福坂誠，松原斎樹，澤島智明，大和義昭，松原小夜子，藏澄美仁，飛田国人，合掌顕，柴田祥江：京都市の戸建住宅における夏期の涼しさを得るための行為の実態調査―住宅における視覚・聴覚要因等の活用の実態に関する研究―，日本生気象学会雑誌，**50**(1), pp. 11-21, 2013.

8)　住環境計画研究所：家庭用エネルギーハンドブック 2014, 2009.

9)　長谷川善明，井上隆：全国規模アンケートによる住宅内エネルギー消費の実態に関する研究：世帯特性の影響と世

帯間のばらつきに関する考察　その1，日本建築学会環境系論文集，**69**(583), pp. 23-28, 2004.

10)　水谷傑，井上隆，小熊孝典：全国規模アンケートによる住宅内エネルギー消費の実態調査：その6　暖房に関する検討，日本建築学会大会学術講演梗概集．D-2，環境工学Ⅱ，pp. 291-292, 2005.

11)　宮田希，松原斎樹，大和義昭，澤島智明，合掌顕，藏澄美仁，飛田国人：夏の涼のとり方に影響する要因の考察：西日本4地域における実態調査より，日本生気象学会雑誌，**49**(1), pp. 23-30, 2012.

12)　大沼進：地球環境問題の心理学，太田信夫 監修，羽生和紀 編集，環境心理学，pp. 107-124, 北大路書房, 2017.

◉参考図書

●1章

クリストファー・アレグザンダー 他（平田翰那 訳）：パタン・ランゲージ―町・建物・施工―，鹿島出版会，1984.

日本建築学会 編：建築・都市計画のための調査・分析方法［改訂版］，井上書院，2012.

ジョン・ラング（高橋鷹志 監訳，今井ゆりか 訳）：建築理論の創造―環境デザインにおける行動科学の役割―，鹿島出版会，1992.

●2章

彼末一之 監修：からだと温度の事典，朝倉書店，2010.

空気調和・衛生工学会 編著：快適な温熱環境のしくみと実践，空気調和・衛生工学会，2019.

小林茂雄・望月悦子・上野佳奈子・安田洋介・朝倉巧（著）：光と音の建築環境工学（シリーズ〈建築工学〉8)，朝倉書店，2018.

境久雄 編著：聴覚と音響心理（音響工学講座 6)，コロナ社，1978.

日本建築学会 編：光と色の環境デザイン，オーム社，2001.

日本建築学会 編：心理と環境デザイン―感覚・知覚の実践―，技法堂，2015.

●3章

空間認知の発達研究会 編：空間に生きる―空間認知の発達的研究―，北大路書房，1995.

ロジャー・M・ダウンズ，ダビッド・ステア 編（吉武泰水 監訳）：環境の空間的イメージ―イメージ・マップと空間認識―，鹿島出版会，1976.

エイモス・ラポポート（高橋鷹志 監訳，花里俊廣 訳）：構築環境の意味を読む，彰国社，2006.

●4章

日本建築学会 編：よりよい環境創造のための環境心理調査手法入門，技報堂出版，2000.

日本建築学会 編：建築空間のヒューマナイジング―環境心理による人間空間の創造―，彰国社，2001.

日本建築学会 編：住まいと街をつくるための調査のデザイン―インタビュー／アンケート／心理実験の手引き―，オーム社，2011.

●5章

芝田征司：環境心理学の視点―暮らしを見つめる心の科学―，サイエンス社，2016.

日本建築学会 編：安全・安心のまちづくり（まちづくり教科書 7巻），丸善出版，2005.

羽生和紀 編：環境心理学（シリーズ心理学と仕事17)，北大路書房，2017.

索　　引

都市・建築デザインのための
人間環境学　　　　　　　　　　　　　　　　　定価はカバーに表示

2022 年 11 月 1 日　初版第 1 刷

編　集　日本建築学会

発行者　朝　倉　誠　造

発行所　株式会社　朝　倉　書　店
　　　　東京都新宿区新小川町 6-29
　　　　郵 便 番 号　162-8707
　　　　電　話　03 (3260) 0141
　　　　F A X　03 (3260) 0180
　　　　https://www.asakura.co.jp

〈検印省略〉

図説 空から見る日本の地すべり・山体崩壊

八木 浩司・井口 隆 (著)

B5 判／ 168 ページ　ISBN：978-4-254-16278-3 C3044　定価 4,400 円（本体 4,000 円＋税）

日本各地・世界の地すべり地形・山体崩壊を，1980 年代から撮影された貴重な空撮写真と図表でビジュアルに解説。斜面災害を知り，備えるための入門書としても最適。〔内容〕総説／様々な要因による地すべり／山体崩壊・流山／山体変形／他。

空間解析入門 ―都市を測る・都市がわかる―

貞広 幸雄・山田 育穂・石井 儀光 (編)

B5 判／ 184 ページ　ISBN：978-4-254-16356-8 C3025　定価 4,290 円（本体 3,900 円＋税）

基礎理論と活用例〔内容〕解析の第一歩（データの可視化，集計単位変換ほか）／解析から計画へ（人口推計，空間補間・相関ほか）／ネットワークの世界（最短経路，配送計画ほか）／さらに広い世界へ（スペース・シンタックス，形態解析ほか）

災害廃棄物管理ガイドブック ―平時からみんなで学び，備える―

廃棄物資源循環学会 (編)

B5 判／ 160 ページ　ISBN：978-4-254-18059-6 C3036　定価 3,520 円（本体 3,200 円＋税）

自然災害が多発する日本では，平時から災害廃棄物への理解および対策が必須である。改訂版災害廃棄物対策指針と東日本大震災以降の事例を踏まえ，災害廃棄物について一般市民も知りたいこと／知ってほしいことをまとめた。

人と生態系のダイナミクス3 都市生態系の歴史と未来

飯田 晶子・曽我 昌史・土屋 一彬 (著)

A5 判／ 180 ページ　ISBN：978-4-254-18543-0 C3340　定価 3,190 円（本体 2,900 円＋税）

都市の自然と人との関わりを，歴史・生態系・都市づくりの観点から総合的に見る。〔内容〕都市生態史／都市生態系の特徴／都市における人と自然との関わり合い／都市における自然の恵み／自然の恵みと生物多様性を活かした都市づくり

社会基盤と生態系保全の基礎と手法

皆川 朋子 (編)

B5 判／ 196 ページ　ISBN：978-4-254-26175-2 C3051　定価 4,070 円（本体 3,700 円＋税）

土木の視点からとらえた生態学の教科書。生態系の保全と人間社会の活動がどのように関わるのか，豊富な保全・復元事例をもとに解説する。

都市イノベーション ―都市生活学の視点―

東京都市大学都市生活学部 (編)

A5 判／ 212 ページ　ISBN：978-4-254-50032-5 C3030　定価 3,520 円（本体 3,200 円＋税）

都市生活学研究のパイオニア学部のスタッフが都市生活・まちづくりなどをわかりやすく解説。〔内容〕都市のライフスタイル（ブランディングなど）／マネジメント（公共空間など）／デザイン（空間生成など）／しくみ（都市再生など）／他。

造園大百科事典

亀山 章 (総編集)

B5 判／ 708 ページ　ISBN：978-4-254-41041-9 C3561　定価 24,200 円（本体 22,000 円＋税）

環境志向の高まりや景観や歴史を重視する社会のニーズの変化に合わせて，造園の分野は飛躍的に拡大している。本事典では学術，行政，実務の多様な側面から造園の基本的知識を集大成し，その新たな全体像を提示する。〔内容〕原論／歴史／風景・景観計画／都市・地域計画／公園緑地計画／生きものと生態系の保全／自然環境の再生と植生管理／植栽デザイン／緑地機能／造園空間の整備／行政計画・制度（国土交通省・環境省・文化庁）／調査・実験・分析手法／他。

造園実務必携

藤井 英二郎・松崎 喬 (編集代表) ／上野 泰・大石 武朗・中島 宏・大塚 守康・小川 陽一 (編)

四六判／ 532 ページ　ISBN：978-4-254-41038-9 C3061　定価 9,020 円（本体 8,200 円＋税）

現場技術者のための実用書：様々な対象・状況において，自然と人が共生する環境を美しく整備・保全・運用するための基本的な考え方と方法，既往技術の要点を解説。〔略目次〕基礎・実践・課題（多摩ニュータウンの実例）／計画／設計／エレメントディティール／施工／運営と経営／法規と組織，教育〔内容〕土地利用／まちづくり／公園／住宅地／農村／水辺／遺跡／学校／福祉施設／オフィス／園路／広場／舗装／植生／環境基本法／都市計画法／景観法／文化財保護法／他

造園学概論

亀山 章 (監修) ／小野 良平・一ノ瀬 友博 (編)

A5 判／ 216 ページ　ISBN：978-4-254-44031-7 C3061　定価 3,960 円（本体 3,600 円＋税）

広範な領域に及ぶ造園学の全体像をわかりやすく体系的にまとめた教科書。参考文献リスト付〔内容〕対象と方法／歴史／国土計画・都市計画／公園・緑地計画／風景・景観計画／生態系の計画／緑地・植栽計画／設計・施工／管理・運営／展望

実践風景計画学 ―読み取り・目標像・実施管理―

日本造園学会・風景計画研究推進委員会 (監修) ／古谷 勝則・伊藤 弘・高山 範理・水内 佑輔 (編)

B5 判／ 164 ページ　ISBN：978-4-254-44029-4 C3061　定価 3,740 円（本体 3,400 円＋税）

人と環境の関係に基づく「風景」について，その対象の分析，計画の目標設定，手法，実施・管理の方法を解説。実際の事例も多数紹介〔内容〕風景計画の理念／風景の把握と課題抽出／目標像の設定・共有・実現／持続的な風景／事例紹介

水文・水資源ハンドブック 第二版

水文・水資源学会 (編)

B5 判／ 640 ページ　ISBN：978-4-254-26174-5 C3051　定価 27,500 円（本体 25,000 円＋税）

多様な要素が関与する水文・水資源問題を総合的に俯瞰したハンドブックの待望の改訂版。旧版の「水文編」「水資源編」を統合し，より分野融合的な理解を目指した。水の問題を考える上で手元に置きたい1冊。〔内容〕総論／気候・気象／水循環／物質循環／水と地形・土地利用・気候／観測モニタリングと水文量の評価法／水文量の統計分析／シミュレーションモデルとその応用／気候変動と水循環／水災害／水の利用と管理／水と経済／水の政策と法体系／水の国際問題と国際協力。

水環境の事典

日本水環境学会 (編)

A5 判／ 640 ページ　ISBN：978-4-254-18056-5 C3540　定価 17,600 円（本体 16,000 円＋税）

各項目2-4頁で簡潔に解説。広範かつ細分化された水環境研究，歴史を俯瞰，未来につなぐ。〔内容〕【水環境の歴史】公害，環境問題，持続可能な開発，【水環境をめぐる知と技術の進化と展望】管理，分析（対象，前処理，機器など），資源（地球，食料生産，生活，産業，代替水源など），水処理（保全，下廃水，修復など），【広がる水環境の知と技術】水循環・気候変動，災害，食料・エネルギー，都市代謝系，生物多様性・景観，教育・国際貢献，フューチャー・デザイン。

シリーズ〈建築工学〉5 建築環境工学 （改訂版） ―熱環境と空気環境―

宇田川 光弘・近藤 靖史・秋元 孝之・長井 達夫・横山 計三 (著)

B5 判／ 184 ページ　ISBN：978-4-254-26869-0 C3352　定価 3,850 円（本体 3,500 円＋税）

建築の熱・空気環境を詳しく解説。改訂版では記述を整理・更新し，演習・自習に役立つプログラムも充実。

シリーズ〈建築工学〉8 光と音の建築環境工学

小林 茂雄・望月 悦子・上野 佳奈子・安田 洋介・朝倉 巧 (著)

B5 判／ 168 ページ　ISBN：978-4-254-26879-9 C3352　定価 3,520 円（本体 3,200 円＋税）

建築の光環境と音環境を具体例豊富に解説。心理学・物理学的側面から計画までカバー。〔内容〕光と視野／光の測定／色彩／光源と照明方式／照明計画と照明制御／光環境計画／音と聴覚／吸音／室内音響／遮音／騒音・振動／音環境計画

建築計画のリベラルアーツ ―社会を読み解く 12 章―

森 傑 (編著) ／岩佐 明彦・野村 理恵・小松 尚・栗山 尚子・松原 茂樹 (著)

B5 判／ 160 ページ　ISBN：978-4-254-26650-4 C3052　定価 3,740 円（本体 3,400 円＋税）

建築計画学の知識を実社会で活かす際に必要となる教養的視野を広げるための教科書。新国立競技場の計画・設計の問題をはじめとして，建築関係者・市民両者にとって重要な 12 のテーマを解説し，現代的な論点を投げかける。

建築計画 ―住まいから広がる〈生活〉の場―

竹宮 健司 (編著) ／石井 敏・石橋 達勇・伊藤 俊介・安武 敦子 (著)

B5 判／ 176 ページ　ISBN：978-4-254-26649-8 C3052　定価 3,520 円（本体 3,200 円＋税）

暮らしや社会保障制度との関わりが深いビルディングタイプとして住宅，福祉施設，高齢者施設，医療施設，教育施設を対象とした新しい建築計画の書。それぞれの歴史的経緯を辿り，関連する制度，具体的事例を示しながら今後の課題を説明。

まちを読み解く ―景観・歴史・地域づくり―

西村 幸夫・野澤 康 (編)

B5 判／ 160 ページ　ISBN：978-4-254-26646-7 C3052　定価 3,520 円（本体 3,200 円＋税）

国内 29 カ所の特色ある地域を選び，その歴史，地形，生活などから，いかにしてそのまちを読み解くかを具体的に解説。地域づくりの調査実践における必携の書。〔内容〕大野村／釜石／大宮氷川参道／神楽坂／京浜臨海部／鞆の浦／佐賀市／他

図説 日本木造建築事典 ―構法の歴史―

坂本 功 (総編集) ／大野 敏・大橋 好光・腰原 幹雄・後藤 治・清水 真一・藤田 香織・光井 渉 (編)

B5 判／ 584 ページ　ISBN：978-4-254-26645-0 C3052　定価 24,200 円（本体 22,000 円＋税）

構造・構法の面に注目して建築の歴史を再構築。〔内容〕構造から見た日本の木造建築（軸組構法，屋根と軒，構造・耐震補強，他）／社寺建築の発達（仏堂，神社本殿・塔・門ほか）／住宅系建築の構造（農家，町家，他）／城郭建築の構造（天守・櫓，城郭の門と塀，他）／各部構法の変遷（屋根，壁，開口部，他）／建築生産（生産組織，設計・施工方法，他）／明治以降の木造建築（木骨石造・木骨煉瓦造，他）／現代の伝統構法（修理技法，構造実験と理論解析，構造補強，他）